互联网＋珠宝系列教材

首饰设计基础教程
SHOUSHI SHEJI JICHU JIAOCHENG

主　编◎王海涛
副主编◎朱　玉　金　瑛　蔡善武

中国地质大学出版社
ZHONGGUO DIZHI DAXUE CHUBANSHE

图书在版编目(CIP)数据

首饰设计基础教程/王海涛主编;朱玉,金瑛,蔡善武副主编.—武汉:中国地质大学出版社,2024.12.—ISBN 978-7-5625-5960-3

Ⅰ.TS934.3

中国国家版本馆 CIP 数据核字第 2024B2R862 号

首饰设计基础教程	王海涛　主　编
	朱　玉　金　瑛　蔡善武　副主编

责任编辑:何　煦　　　选题策划:张　琰　张旻玥　何　煦　　　责任校对:张咏梅

出版发行:中国地质大学出版社(武汉市洪山区鲁磨路388号)	邮编:430074
电　　话:(027)67883511　　　传　　真:(027)67883580	E-mail:cbb@cug.edu.cn
经　　销:全国新华书店	http://cugp.cug.edu.cn

开本:787mm×1092mm　1/16	字数:172 千字	印张:9
版次:2024 年 12 月第 1 版	印次:2024 年 12 月第 1 次印刷	
印刷:湖北金港彩印有限公司		

ISBN 978-7-5625-5960-3　　　　　　　　　　　　　　　　　　　　　定价:58.00 元

如有印装质量问题请与印刷厂联系调换

目 录
CONTENTS

第一章　首饰设计概述/1

第二章　宝石的画法/15
 第一节　简单刻面宝石的画法/16
 第二节　多刻面宝石的画法/28
 第三节　其他宝石的画法/56

第三章　首饰的勾线练习/63
 第一节　素金首饰的勾线练习/65
 第二节　镶嵌首饰的勾线练习/69

第四章　金属的画法/75
 第一节　金属的表现/76
 第二节　不同颜色金属的画法/79
 第三节　金属肌理的画法/82
 第四节　作品展示/85

第五章　首饰的形制及结构/89
 第一节　发　饰/90
 第二节　项　饰/91
 第三节　耳　饰/96
 第四节　胸　饰/100
 第五节　腕　饰/105
 第六节　戒　指/107

第六章　首饰创意设计思维训练/115
　　第一节　收集素材/116
　　第二节　市场调研/117
　　第三节　首饰造型设计/118
　　第四节　色彩搭配/120
　　第五节　首饰材料的应用/121
　　第六节　首饰创意设计案例/123

第一章 首饰设计概述

知识点

（1）首饰结构及其组合应用。
（2）首饰造型设计的表现。
（3）首饰材料的综合应用。
（4）色彩视觉语言表达。
（5）首饰风格的学习与应用。
（6）首饰工艺的理解与应用。

学习重点

（1）通过收集资料，总结首饰中的造型元素、结构元素、材料元素、色彩元素、工艺元素以及首饰设计风格表达的特点，为后续自主设计提供参考。

（2）加强分析问题和总结问题的能力。在收集好资料后，学会分析首饰产品的整体特点、造型、色彩、工艺以及优缺点。总结首饰产品的设计表达及设计方法，供今后的设计参考。

学习目标

通过学习首饰中的造型元素、结构元素、材料元素、色彩元素、工艺元素以及首饰设计风格表达，系统地掌握首饰设计的基本原理和方法，提升设计思维的应用能力。

教学方法

教师在课堂上展示设计作品或视频，结合教材讲解首饰设计的理论知识，帮助学生直观地认识和理解首饰设计基础的重要性。

首饰是指佩戴在人体外露部分的装饰品，它传达了佩戴者的搭配理念和情感，记录着关于佩戴者的故事。随着时代的发展，首饰设计已从单一的功能性迈向多样化和多源性，其功能涵盖了价值体现、装饰美化、情感表达、叙事表达、身份象征等多个方面。除了具有货币价值之外，作为最贴近人的饰物，首饰承载了人们更深厚的情感价值、个性化意义和独立的艺术韵味。它已成为极具影响力的时尚载体，不断激发人们的创新精神。当代首饰设计师在设计首饰时，要考虑首饰具象和抽象的造型设计表现、材料的综合应用表现、色彩搭配法则等设计因素，采用科学合理的设计方法以增强首饰的视觉冲击力、艺术感染力和情感表达力。

在传统观念中，首饰的魅力主要源自其材料的价值，不菲的宝石和贵金属等本身都具有一定的经济与审美价值。然而，从当代首饰艺术的视角来看，首饰的意义远不止于此，它更是一种文化的载体。设计师通过造型、结构、叙事等创作语言，传达着文化内涵和更深层的意义。

服装的精致往往体现在材料、工艺和色彩的搭配等方面，旨在更好地凸显穿着者曼妙的身姿。而作为服装点睛之笔的首饰，更多地承载了佩戴者的丰富情感，是服饰搭配中不可或缺的装饰元素。在服饰搭配中，首饰不仅要满足装饰性的要求，表现个性，还要与服装相得益彰，共同营造整体造型的多样性和层次感。

在首饰创意设计中，设计师若要形成独特的个人风格和艺术品位，就必须深入研究首饰的文化内涵、造型特点、颜色搭配、肌理质感、材料选择、风格定位、工艺技术及艺术品位等。首饰设计是多元因素的结合，涵盖了文化内涵的表达、艺术创意的思考、创新性技术的应用、材料的搭配、设计品位的展现等方面，因此，首饰设计是多方位、多维度的。在设计首饰时，设计师需要综合运用这些元素，具体来说，可以从以下几个方面入手。

一、首饰结构

在首饰产品中，首饰部件和造型元素之间会通过各种加工工艺连接起来，如金属焊接工艺、宝石镶嵌工艺、多材料的粘接工艺等。首饰内部的各结构按一定的层次组装后，根据基本功能的不同再按制作流程组合起来。首饰往往能通过精密灵动的结构将设计师想要表达的意境和趣味展现出来。一些隐秘的微观结构能成为精致首饰的点睛之笔。如图1-1中的花式戒指，设计师在设计时需要对造型的层次、结构、材料的应用和组装顺序进行细致的分析，整体设计效果图要能体现首饰美观的造型和层次关系；设计师还要对材料进行细致规划，利用第二层的群镶小宝石来烘托主石的美感，让戒指中的主石在整个造型中更加闪耀。

图1-1 《花蕊》（吴正军作品）

在设计首饰时,对结构的要求主要体现在以下几个方面。

(1) 首饰结构制作的可行性。在设计首饰结构时,设计师应结合各种加工工艺,包括一些新的技术,如 3D 打印技术,并分析结构制作的可行性。如图 1-2 中首饰具有的卷筒结构,在设计时需要在 3D 建模过程中处理好结构的变化。

(2) 首饰结构佩戴的舒适性。设计师应依据人体工程学原理进行设计,使首饰结构适宜佩戴。

(3) 首饰结构应具有美感。设计师设计首饰结构是为了装饰和美化产品,体现首饰本身的艺术美感和佩戴美感,所以首饰结构应符合基本的美学要求。

(4) 首饰结构应体现经济

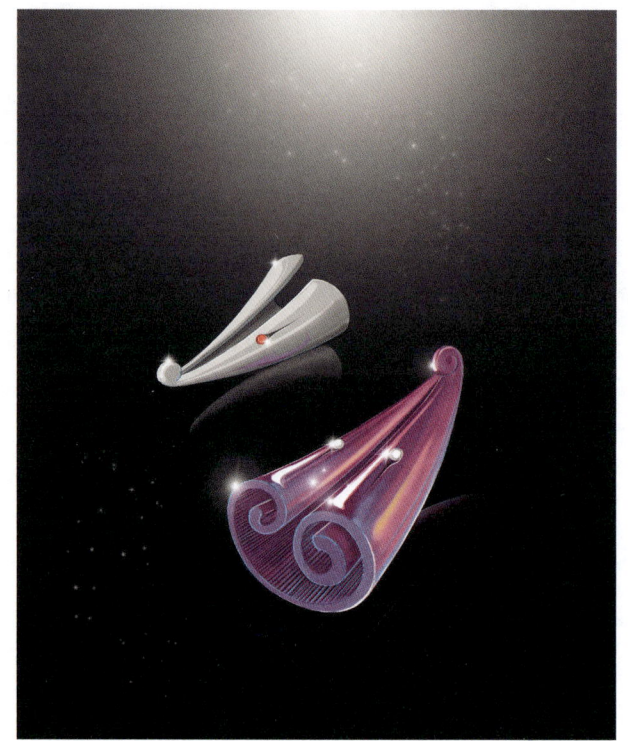

图 1-2　《卷筒鼠》(王海涛作品)

性。首饰结构设计应建立在提高首饰加工生产效益的基础上,通过优化设计,降低材料、工艺等方面的成本,同时结合市场因素,提高经济效益。

此外,首饰结构性产品的多功能性还可以给佩戴者带来多种体验感,如具有隐藏式储物功能的首饰可以带给佩戴者独特的装饰体验和趣味性。

综上所述,首饰结构设计既要符合首饰的制作原理和佩戴原理,又要满足现代美学的基本要求,还要在继承传统的首饰加工工艺和艺术表现上,结合现代艺术美学进行创新。因此,在理解首饰结构的基础上,首饰设计师还应提高文化艺术修养,加强对材料的理解和应用,学习首饰的搭配文化,考察市场,从首饰结构的造型、功能和工艺出发,设计出美观适用、经济可行、新颖别致的首饰。这些首饰不仅要具有独特的艺术美感,还要符合现代人的审美情趣和佩戴需求。

二、首饰造型

一直以来，首饰的造型设计都以自然元素和几何图案形态为主要的灵感来源。在人类文明的进程中，随着艺术美学和现代首饰制作工艺的发展，人们对首饰搭配的品位也在不断提高，因此首饰的造型应顺应时代的变化，不断推陈出新，以满足人们日益增长的审美要求。首饰设计师应加强对多样、多时代、多内涵、多形式的首饰造型设计的研究，结合现代的新思路、新概念、新工艺、新技术、新造型和现代美学，创作出具有新颖性、独特性和文化内涵的现代首饰。

对自然形态进行具象设计，是目前主题首饰设计最简洁明了的方式。具象的自然形态的首饰以其直接的表达，简洁、生动的形象，灵性的动态美感和极高的观赏性，深受消费者的喜爱。设计师在利用具象造型表现现实形象时，会侧重于借用典型形象和具体特征，追求真实的效果。在首饰设计中，具象形态和抽象形态也可以结合使用，此时设计师可以多运用写实、拟人、夸张、意象、概括、扭曲等艺术构成法则。《小龙戒指》（图1-3）是具象首饰中最典型的例子，它将具象的蛇概括为简单抽象的造型。蛇身部分线条扭曲，粗细变化有度，蛇头部分添加经典的黄金龙角，为整个作品增加了层次美。

图1-3　《小龙戒指》（吕奋阳作品）

从《君》(图1-4)中我们可以看出，首饰造型设计应遵循"道法自然"的原则，追求与自然界的亲近与融合。富有亲切感的自然主义造型的作品能唤起佩戴者的好感和观赏者的认同感。作品中荷叶部分采用阳极氧化后呈绿色的钛，钛上面镶嵌的绿色宝石和白色钻石，让荷叶更加有层次感，衬托着珍珠露珠，形象地展现了荷塘美景。

图1-4　《君》(梁大钊作品)

设计师在造型上运用了极简、夸张、比喻等手法，不仅使首饰具有形式美，还增强了首饰的精致感与吸引力。

《山茶花》(图1-5)展现了设计师精湛的技艺和独特的创意。他巧妙地运用具象写实的手法，结合不同材料和加工工艺的属性，充分展示出山茶花细腻的纹理和丰富的色彩。

图1-5　《山茶花》(梁大钊作品)

《护花》（图1-6）所运用的源自东方的素朴观念，与来自西方的极简主义观念不谋而合。在轻奢风格的首饰中，这种素朴与极简的理念成为设计师重要的灵感来源。当代首饰设计师通过极简和素朴的处理，不仅保留了作品的精致感，还增强了首饰的感染力。《护花》中立体的造型、流畅明晰的线条，使整个作品精致且均衡。

图1-6　《护花》（王海涛作品）

三、首饰材料

首饰材料主要包括金属、天然宝石、人工宝石等。其中金属是首饰设计中常用的材料，主要为黄金、铂金、银、铜、钛、铝及合金等。在首饰设计中，注重艺术表达的首饰，所使用材料不一定很贵重，主要是要突出材料运用的合理性。艺术首饰的取材打破了传统首饰材料的应用要求，取而代之的是新思想、新材料和新工艺的运用。设计师在创作艺术首饰时，采用新材料结合新的加工制作方法，赋予材料新的颜色和造型，然后将它们应用于创新设计中，给人一种全新的视觉感受。《畅游空间》（图1-7）是一套戒指，设计师综合运用了金、银和玻璃树脂等材料，这些材料能满足首饰的加工需求。作品底部展现出地面的灵动性，上面的玻璃树脂体现出空间的空旷和物体的自由动感，而黄金又起到点缀的作用。整个作品富有空间感和层次感。多种材料的结合应用，可以体现首饰造型的层次美和佩戴者的情感。金属作为承载物，传递出一种稳重、高贵的气质；而柔软的树脂材料的运用，则打破了金属的硬朗感，反映了人们内心渴望温暖舒适的事物。这两种材质的混用丰富了首饰的视觉效果。

除了上述刚柔混搭的使用方法，还可以将自然界的鬼斧神工运用到作品中，给作品带来灵气与韵味。《"新"与"旧"》（图1-8）灵感来源于森林中

图1-7 《畅游空间》（王海涛作品）

"枯木逢春"的景象：残败枯萎的老树、旧事物的腐败凋零，却也能诞生出新的事物。新旧交替是自然的法则，象征着不止的生命和生生不息的循环。设计师结合了木材与金属材质（银、18K黄金）进行创造性尝试。木材光泽度低，色泽暗沉，其特殊的肌理质感通过简单的雕刻达到枯木"旧"的效果；而金属则以强烈的光泽与明亮的色彩效果，明确地表现出枯木之上"新"生植物的活力感。

图1-8 《"新"与"旧"》（肖舒婷作品）

在当代艺术首饰的创作中,设计师在选择材料时不能再局限于传统商业首饰所关注的保值性,而是要更加注重材料是否能满足首饰创作中观念的表达和形式的需求。各种不同的材料,只要符合设计师的想法和观念,都可以拿来使用,许多不贵重的材料,包括生活中常见的廉价材料都被设计师不断地尝试使用,比如木头、纤维、树脂、塑料、皮革、羽毛、玻璃,以及合成宝石等。设计师们强调并放大材料的特性,将材料的质感、肌理作为一种视觉语言,巧妙地运用到首饰设计当中。这种自由运用材料的做法同样也影响到了商业首饰的设计与创作。

《发现》(图1-9)为当代首饰艺术家解思伟的作品。在创作的过程中,他一直在探索不同创作观念在首饰艺术中的表现形式,他通过挖掘首饰的各种可能性,放大了首饰的功能性,并倾注了更多的情感。光鲜亮丽的珠宝玉石在没有被发现之前,只是块普通石头,是人们对石头的探索和研究,才让它们的"内在美"显现出来。用放大镜是为了表达探索之美,而作品内部平面镜的反射作用可以让观看者看到自己的眼睛。这一独特的设计能给人带来思考和联想。

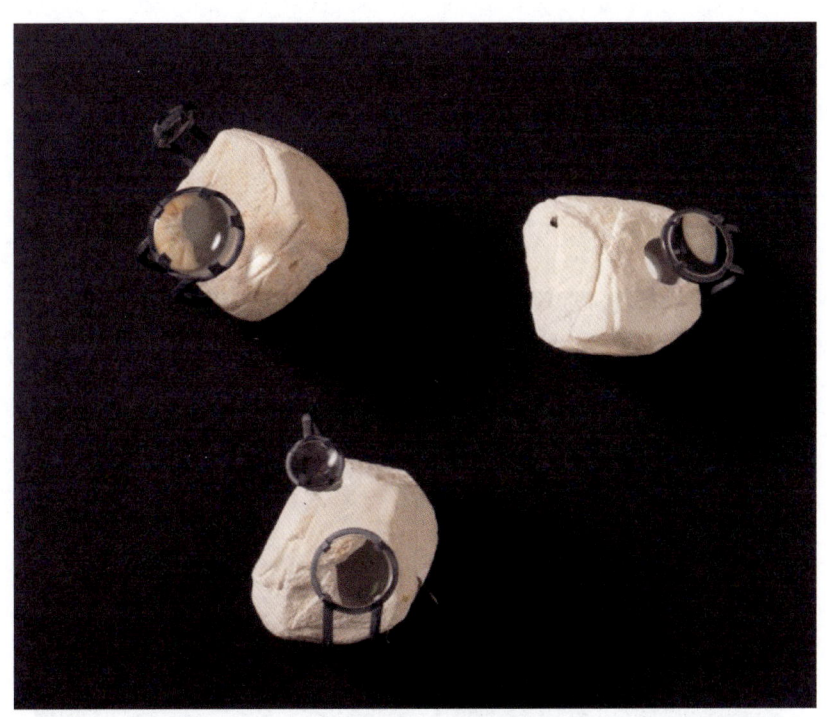

图1-9 《发现》(解思伟作品)

四、色彩视觉语言的表达

色彩在首饰表现中具有强烈的视觉冲击力,并且也是一种艺术情感表达的媒介。在当代艺术首饰的创作过程中,色彩的运用更加自由和多元,充分展现了色彩的丰富性和艺术张力。设计师运用各种色彩的材料来传达情感,如钛、亚克力、玉石、陶瓷、漆、木头、玻璃等,将它们的色彩和肌理在设计中展现出来,并运用色彩三要素体现首饰色彩的艺术美感。

不同时代的人们赋予色彩不同的存在意义,不同地区的人们对色彩也有着不同的表达。在色彩的审美表现和应用表达方面,虽然不同地区的人们有着不同的色彩搭配原则,但设计师都会遵循科学的美学法则和色彩搭配的规律。色彩由色相、明度、纯度三要素构成:明度高的颜色比明度低的颜色更具视觉冲击力;暖色调在视觉上比冷色调更具视觉冲击力;高纯度色相对比低纯度色在视觉感受中更突出。色彩搭配作为首饰设计中重要的视觉因素,具有很强的表现能力,最能直观地表达设计师的审美和感情。

五颜六色的色彩带给人们一种奇幻的视觉感受,当没有了色彩,这个世界就变得像黑夜一般的沉静。《守护》(图1-10)在色彩表达上,运用明度对比的表现形式,营造出一种变幻莫测的艺术效果。

图1-10 《守护》(梁大钊作品)

五、首饰风格

首饰风格，作为首饰设计师的个性与创造力的直观体现，它巧妙融合了首饰产品的艺术表达形式和情境感知能力，展现出鲜明的艺术特色。首饰设计产品能反映时代特征、民族特色、设计师的思想，并具有独特的审美特点。首饰设计师的生活经历、艺术修养、情感倾向和审美观念各不相同，所处的时代、社会等历史条件也不相同，因此设计出的产品也具有自己独特的艺术语言。风格也就是特色，是艺术家通过创作所表现出来的创作思想和艺术概念。珠宝首饰的风格是许多因素的综合反映，例如社会的多元文化、经济发展的状况、政治格局的变迁、网络时代的变革等因素都会影响风格。目前首饰设计风格已进入了一个多样化时期，传统的单一风格被打破，取而代之的是各种风格的交织与融合。

在中国，首饰比较流行的风格有18K金的简约主义风格、银饰的国潮风格、24K黄金的东方古典民族风格等。随着现代交通的飞速发展、社会的日益开放、经济的深度互动及网络的全面互通，东西方文化的界限变得越来越模糊，艺术作品风格的差别也逐渐缩小。

六、首饰工艺

首饰工艺主要涵盖了传统首饰工艺和现代首饰生产工艺。中国传统金银首饰作为传统工艺的重要表现形式，历经岁月的洗礼，不断适应着人们对珠宝首饰日益提升的精致化需求。传统首饰展现了工匠精神，也凝聚着世代匠人的艺术智慧和对工艺的极致追求。在当今首饰形式多样化和品种丰富的背景下，传统首饰工艺依然占据着不可替代的地位，同时也为当代珠宝首饰设计提供了丰富的技艺支持和表现形式。传统首饰工艺主要包括花丝工艺、炸金工艺、玉雕工艺、错金银工艺、珐琅工艺、锻造工艺、錾花工艺等。与此同时，现代首饰生产工艺也在不断创新和发展，为首饰行业注入了新的活力和元素。

《形象》（图1-11）就是传统工艺和现代生产工艺的完美结合，主要运用了玉雕工艺、镶嵌工艺和贴金箔工艺。在主体造型上，大象的趣味形象选用圆雕雕刻工艺表现，表面采用浅浮雕工艺制作，在圆润的动态体型上装饰莲花图案，让首饰形体更有层次感。在大象的背部，设计师采用贴金箔工艺，在制作过程中要特别注意表面的平整度和贴合度。最后，设计师运用玉石镶嵌工艺，在大象底部进行花丝镶嵌，精美的花丝起到装饰效果，镶嵌后的胸针实现了它的佩戴功能。

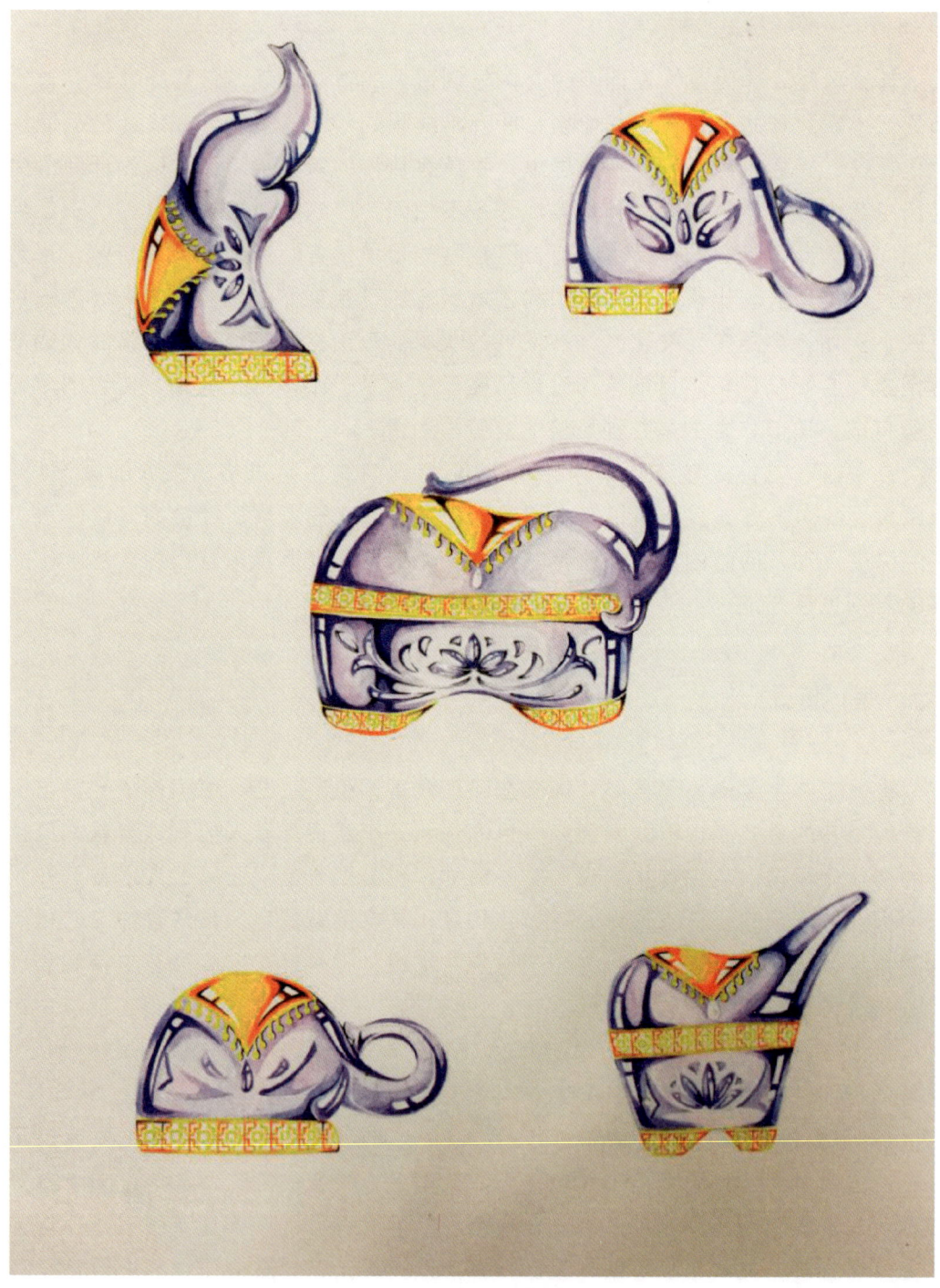

图1-11 《形象》(黎芷杨作品)

精湛绝伦的工艺能赋予首饰全新的精神内涵。首饰不仅可以作为表达情感的装饰之物，还可以作为艺术品收藏。通过巧妙地融合创新加工工艺于首饰设计中，我们可以进一步拓宽首饰设计的创新思路，充分挖掘首饰加工工艺的价值。佩戴首饰时，人和首饰之间发生交流互动，首饰在这个过程中不断地传达着佩戴者的个性和精致韵味。

《蜻蜓之吻》（图1-12）生动捕捉了蜻蜓的动态美及色彩魅力，运用空窗珐琅技艺，细腻地表达了蜻蜓翅膀的轻盈和晶莹剔透感。蜻蜓造型符合美学原理，能起到很好的装饰效果，色彩搭配也极为考究，给人以清新脱俗的视觉享受。

事实上，首饰作品绝非仅限于静态观赏的物品，它们蕴含着对人性本质与情感世界的深刻关怀。除了追求佩戴的舒适感外，人们越来越注重首饰佩戴时的精致感和律动感。总之，珠宝首饰作品应兼具精致、创意、生命力与灵性。

图1-12　《蜻蜓之吻》（金瑛作品）

课后作业

（1）收集资料（占课程作业评分的 20%）：收集国内外知名珠宝品牌信息，重点关注品牌的经典款式和背后的故事。

（2）市场调研（占课程作业评分的 30%）：调研线上、线下首饰产品，分别以造型、工艺、材料为主题进行市场调研。

（3）PPT 汇报（占课程作业评分的 50%）：选择一个珠宝品牌，诠释品牌文化，结合收集的资料、市场调研结果，分析该品牌产品的造型、工艺、风格、材料、颜色、肌理等，并分析品牌客户及该品牌的竞品。

第二章 宝石的画法

知识点

（1）简单刻面宝石的画法。

（2）多刻面宝石的画法。

（3）其他宝石的画法。

学习重点

（1）学习简单刻面宝石及多刻面宝石结构的画法，重点学习圆形、椭圆形、水滴形、心形、祖母绿型宝石的画法。这些琢型在首饰设计中应用较为广泛，绘画时应注重宝石的透视关系和色彩搭配。

（2）多刻面宝石的画法多应用于主石或大宝石的设计绘画中。简单刻面宝石的画法主要用于小宝石或配石的设计绘画中，运用简单刻面宝石画法能够较为快速地绘制出刻面宝石的效果。

学习目标

通过学习宝石刻面的结构及透视画法，能够系统地掌握宝石绘画的原理及方法，准确地绘制出常见宝石琢型的结构及色彩表现，提升在首饰设计中的绘图及应用能力。

教学方法

在教学过程中，强调理论讲授与实践相结合，教师在课堂上通过展示宝石标本、图片或视频，结合教材讲解宝石的刻面结构及光影特点，让学生更加直观地认识和理解所学内容。教师在绘图示范时，要以多刻面宝石为主，简单刻面宝石为辅。

第一节　简单刻面宝石的画法

刻面宝石（图2-1、图2-2）的设计要考虑如下因素。①质量：一般情况下尽量保重，但要有个限度。②切工比例：所设计的刻面宝石具有最理想的切工比例，能展现美丽色泽，增强火彩和亮度。③琢型定向：刻面宝石琢型在定向设计时一般以台面作为基准。刻面宝石具有以下特征时，要注意琢型的定向：具有强烈双折射的宝石；具有明显多色性的宝石；具有色带、色团、色斑的宝石；具有完全解理的宝石。

图2-1　刻面宝石

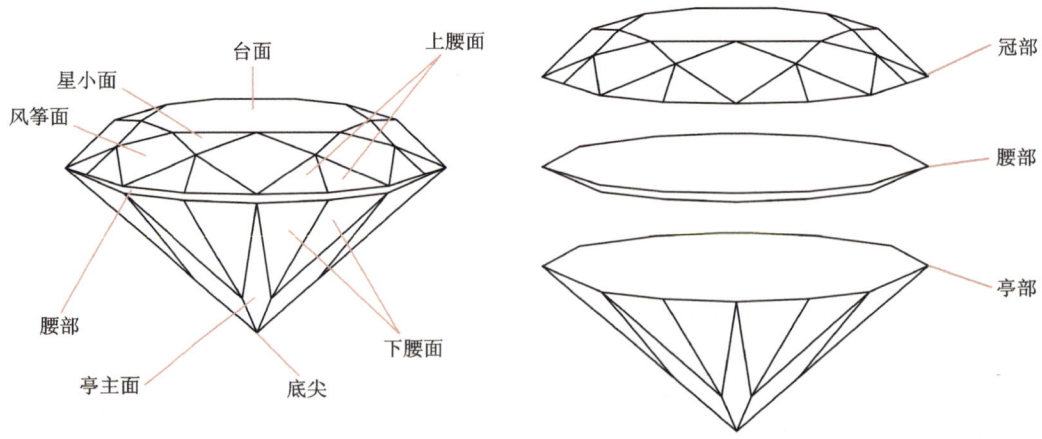

图2-2　标准圆钻型宝石的刻面示意图

一、简单刻面宝石结构的画法

1. 圆形简单刻面宝石结构的画法（图 2-3）

（1）先用铅笔在纸上画出十字形辅助线，再用圆模板在正中间画出适当大小的圆形。为了便于后期清理，画辅助线时要轻，自己能看清线就好。

（2）连接圆与十字形辅助线的交点，绘制一个正方形。

（3）在圆里绘制两条对称的辅助线。

（4）连接圆与对称辅助线的交点，绘制另一个正方形。

（5）用勾线笔重新勾勒结构，擦除铅笔线稿，完成绘制。

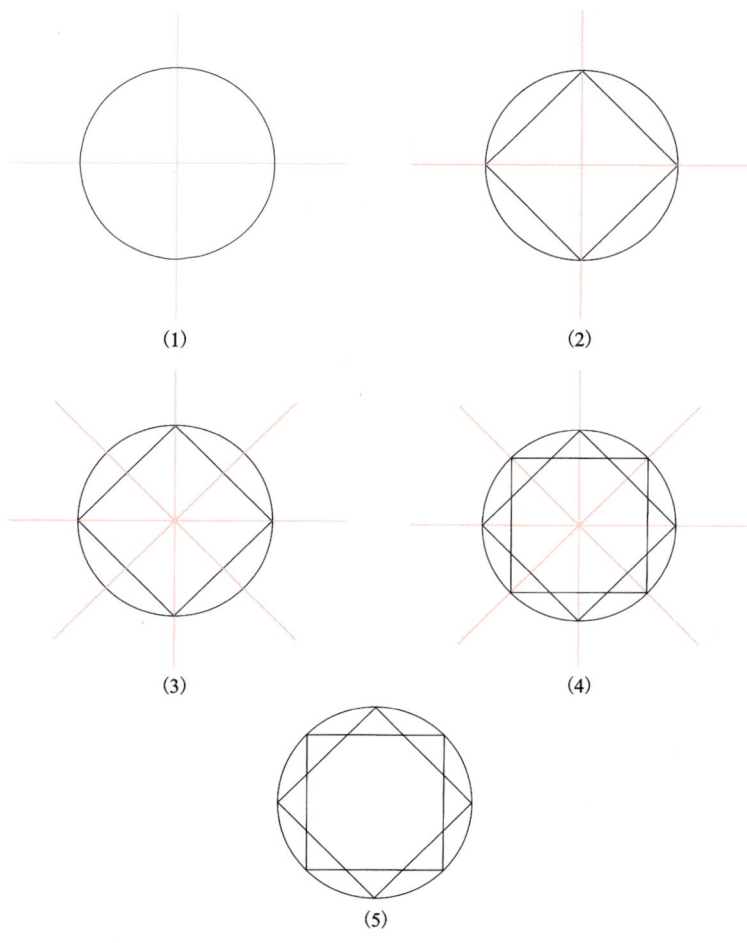

图 2-3　圆形简单刻面宝石结构的画法

2. 椭圆形简单刻面宝石结构的画法（图 2-4）

（1）先用铅笔在纸上轻轻画出十字形辅助线，再用椭圆模板在正中间画出适当大小的椭圆形。

（2）连接椭圆和十字形辅助线的 4 个交点，绘制菱形。

（3）将椭圆长轴的上半部分进行三等分，在第一个 1/3 处画平行于短轴的线，再在这条线的两端分别画出垂直于该线的线，并连接垂线的两个端点，绘制长方形。

（4）用勾线笔重新勾勒结构，擦除铅笔线稿，完成绘制。

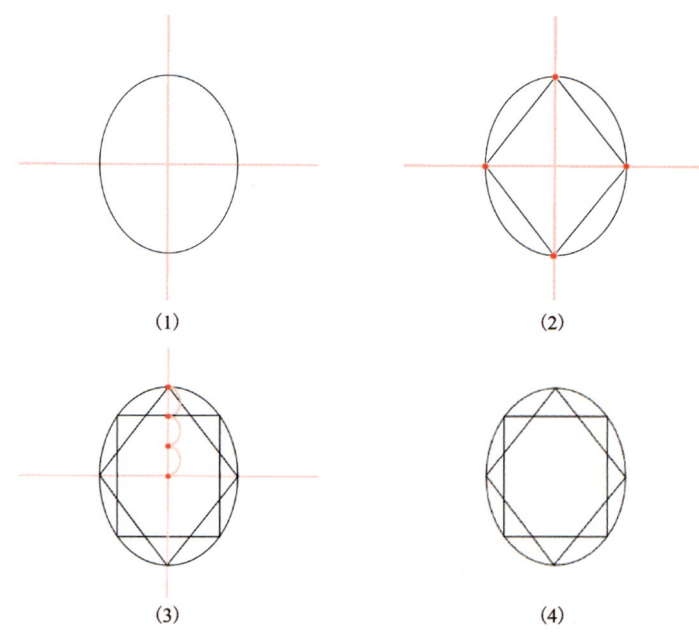

图 2-4　椭圆形简单刻面宝石结构的画法

3. 马眼形简单刻面宝石结构的画法（图 2-5）

（1）先用铅笔在纸上轻轻画出十字形辅助线，再用圆模板画出两条弧线，形成马眼形宝石的外轮廓。

（2）将马眼形长轴的上半部分进行三等分，在第一个 1/3 处画平行于短轴的线，再在这条线的两端分别画出垂直于该线的线，并连接垂线两个端点，绘制长方形。

（3）连接马眼形与十字形辅助线的交点，绘制菱形。

（4）用勾线笔重新勾勒结构，擦除铅笔线稿，完成绘制。

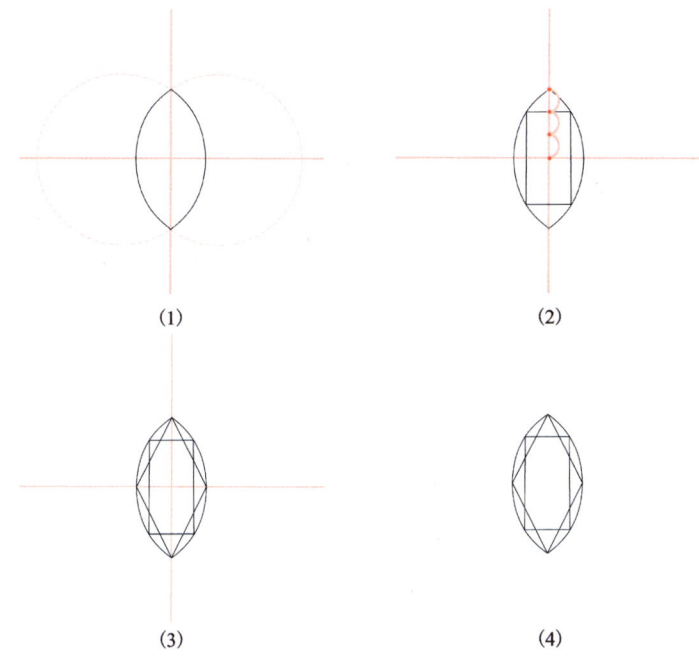

图 2-5　简单马眼形刻面宝石结构的画法

4. 水滴形简单刻面宝石结构的画法（图 2-6）

（1）先用铅笔在纸上轻轻画出十字形辅助线，再用圆模板绘制半圆形。

（2）用圆模板或者曲线模板画出水滴形上部的曲线，形成水滴形的外轮廓。

（3）连接十字形辅助线与水滴形外轮廓线的交点，绘制四边形。

（4）先将水滴形长轴的下半部分进行三等分，在最下面的1/3处画一条平行于短轴的线，使之与水滴形外轮廓线相交。再在水滴形的长轴上，距上顶点相同距离处也画一条平行于短轴的线，使之与水滴形外轮廓线相交。

（5）连接两条平行线，绘制梯形。

（6）用勾线笔重新勾勒结构，擦除铅笔线稿，完成绘制。

5. 心形简单刻面宝石结构的画法（图 2-7）

（1）先用铅笔在纸上轻轻画出十字形辅助线，再用圆模板在水平辅助线上方画出两条大小合适的半圆形轮廓线。

（2）选用另一个的圆模板在水平辅助线下方画出两条大小合适的弧线。

（3）先平分十字形辅助线上方半圆的竖直半径，在中点处画出平行于水平辅助线的线。再在心形的竖直辅助线上，距下方顶点等距的位置也画一条平行于水平辅助线的线，最后连接上下平行线。

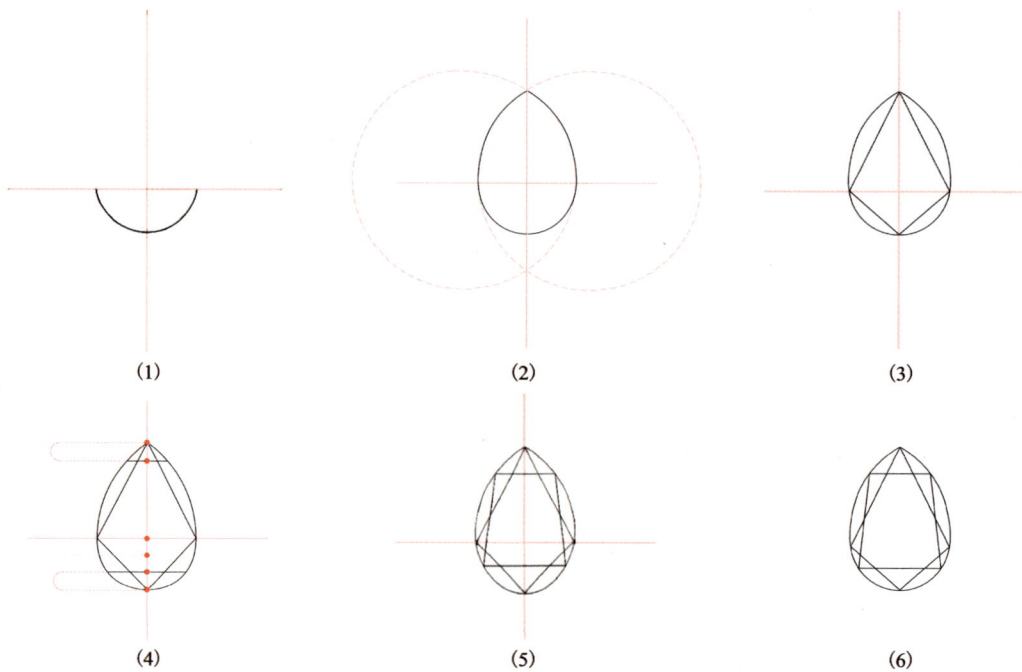

图 2-6 水滴形简单刻面宝石结构的画法

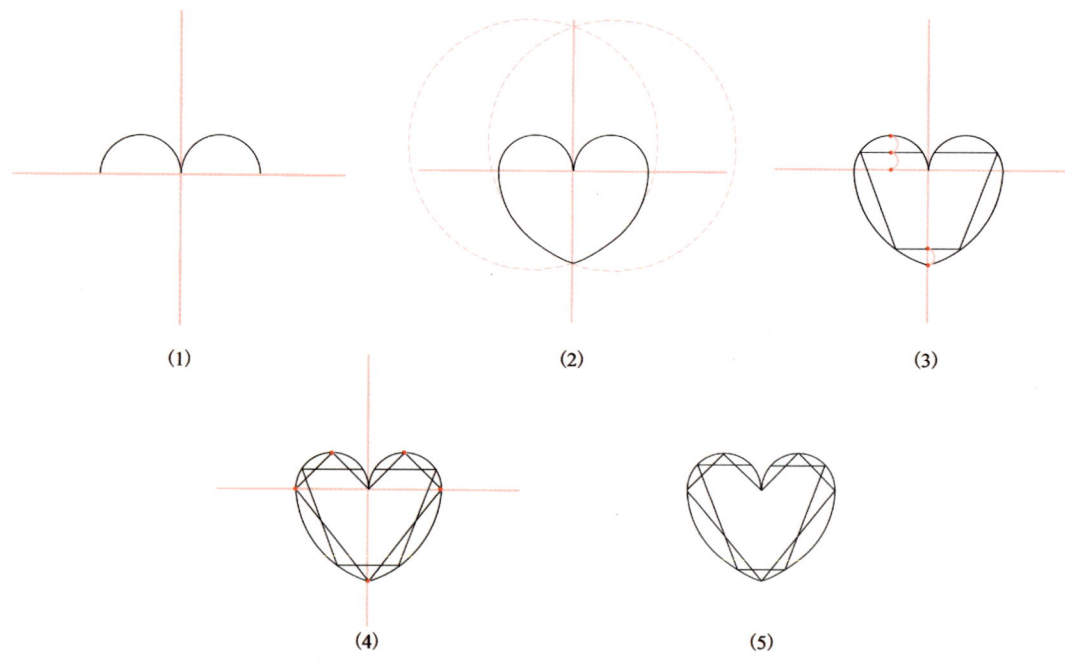

图 2-7 心形简单刻面宝石结构的画法

（4）依次连接 5 个红点，绘制图形。

（5）用勾线笔重新勾勒结构，擦除铅笔线稿，完成绘制。

6. 祖母绿型简单刻面宝石结构的画法（图 2-8）

（1）先用铅笔在纸上轻轻画出十字形辅助线，再用宝石模板在正中间画出适当大小的长方形，长宽比为 3∶2。

（2）把长方形宽度的一半三等分，在长边距顶点同样距离处取一个点。

（3）把长方形的纵向对称线三等分。

（4）分别画平行于长方形长边、短边的线。

（5）将长方形纵向对称线上的三等分点依次连接长方形长边、宽边。

（6）擦除外围多余的线。

（7）用勾线笔重新勾勒结构，擦除铅笔线稿，完成绘制。

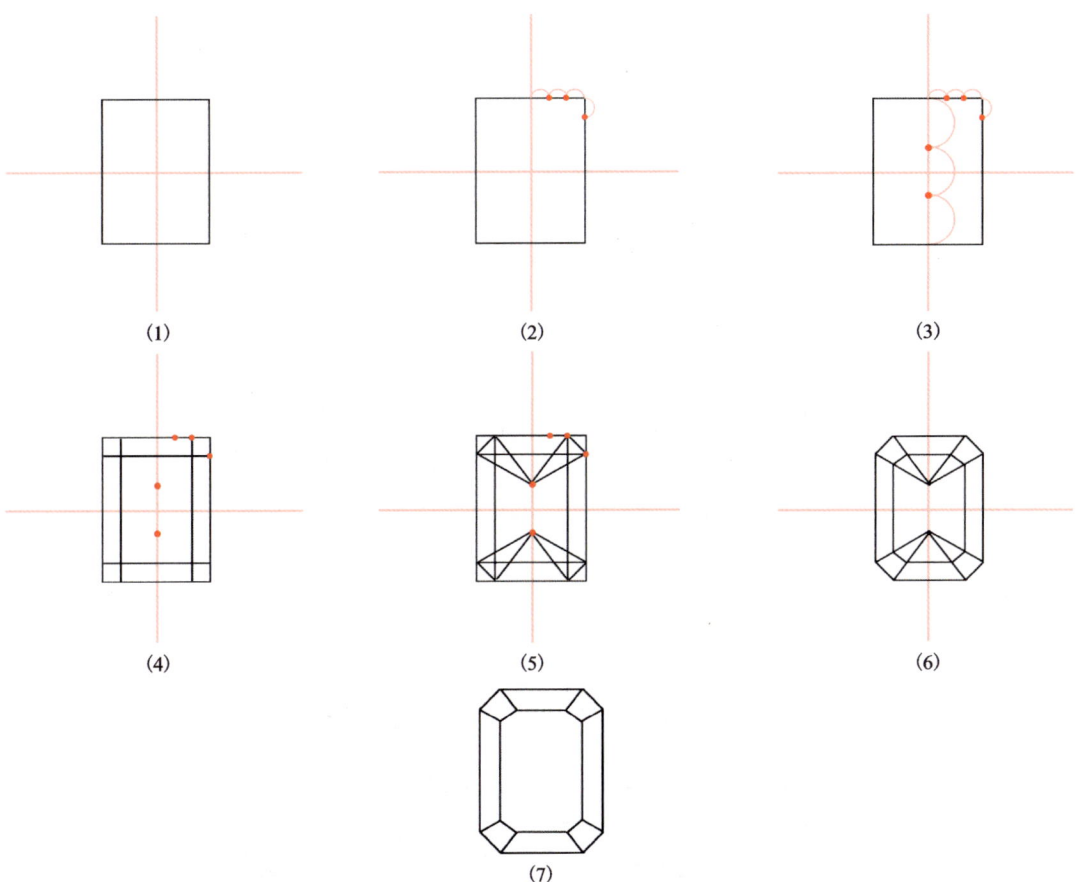

图 2-8　祖母绿型简单刻面宝石结构的画法

二、简单刻面宝石的着色方法

1. 圆形简单刻面宝石的着色方法（图 2-9）

(1) 画出圆形简单刻面宝石的基本轮廓及刻面。

(2) 根据光线表现要求，先涂浅灰色。

(3) 根据光影及宝石结构的特点，刻画深色的刻面。

(4) 继续加深颜色，并绘制高光处。

(5) 加重上腰面的颜色。

(6) 勾勒刻面线条，渲染台面，最后点高光。

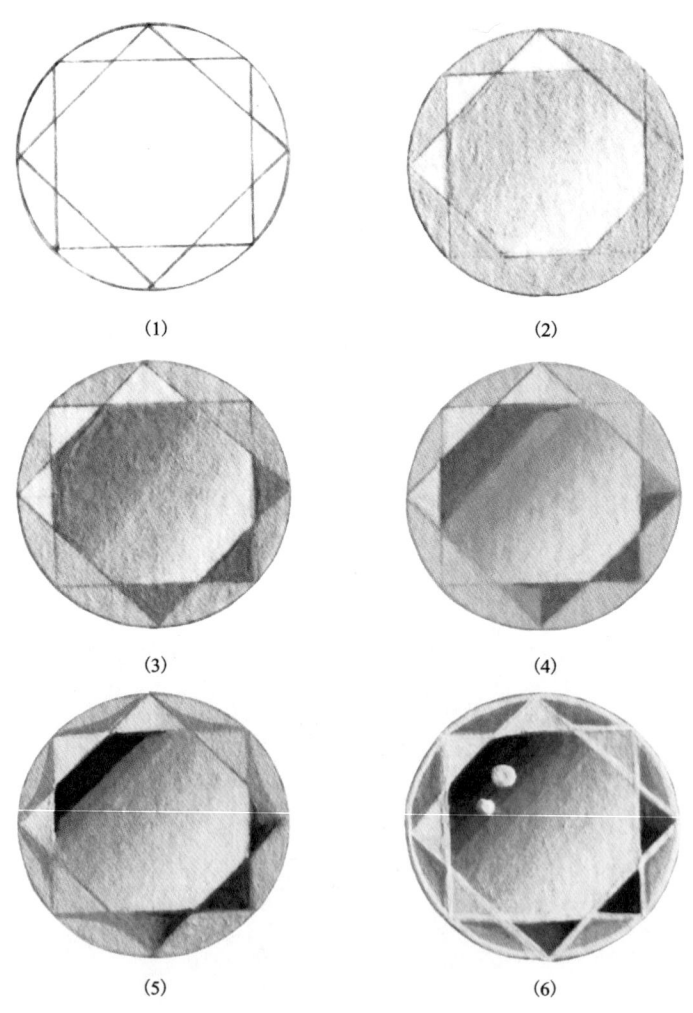

图 2-9　圆形简单刻面宝石的着色方法

2. 椭圆形简单刻面宝石的着色方法（图 2 – 10）

(1) 画出椭圆形简单刻面宝石的基本轮廓及刻面。
(2) 根据光线表现要求，先涂红色，再用清水对台面进行渐变渲染。
(3) 根据光影及宝石结构的特点，刻画深色的刻面。
(4) 继续加深颜色，并绘制高光处。
(5) 勾勒刻面线条，渲染台面。
(6) 最后点高光，勾勒外边缘线。

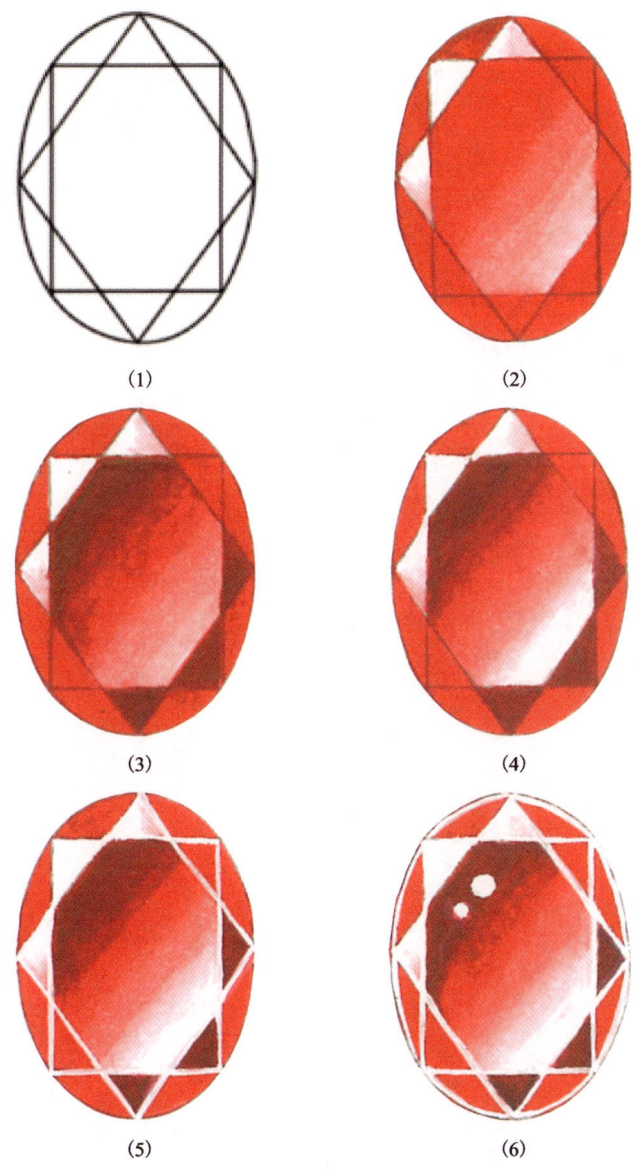

图 2 – 10　椭圆形简单刻面宝石的着色方法

3. 马眼形简单刻面宝石的着色方法（图 2-11）

（1）画出马眼形简单刻面宝石的基本轮廓及刻面。
（2）根据光线表现要求，先涂粉红色，再用清水对台面进行渐变渲染。
（3）根据光影及宝石结构的特点，刻画深色的刻面。
（4）继续加深颜色，并绘制高光处。
（5）勾勒刻面线条，渲染台面。
（6）最后点高光，勾勒外边缘线。

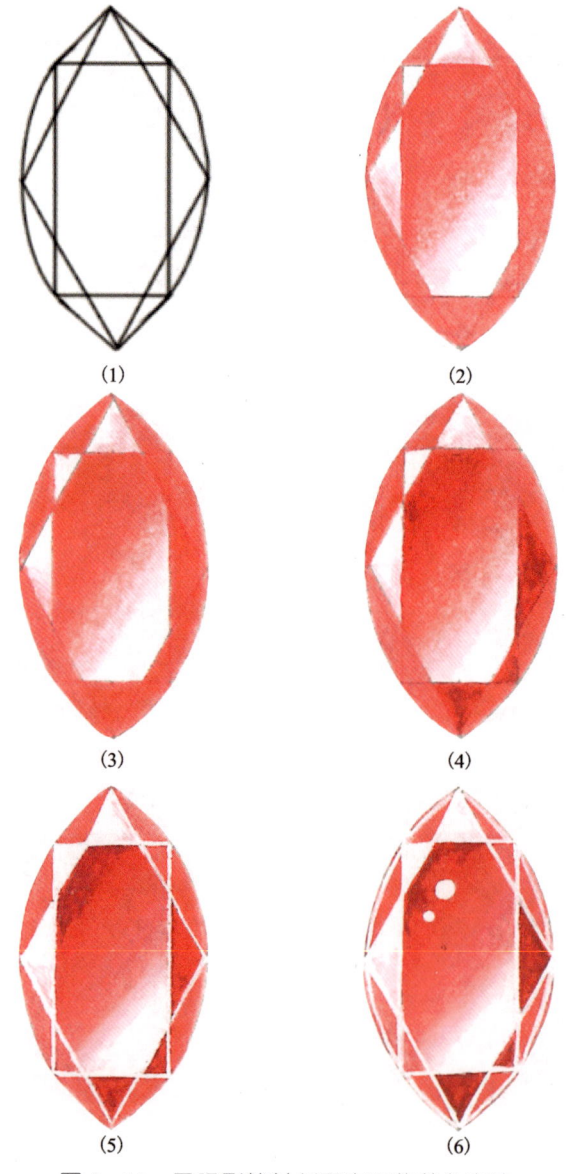

图 2-11　马眼形简单刻面宝石的着色方法

4. 水滴形简单刻面宝石的着色方法（图 2-12）

（1）画出水滴形简单刻面宝石的基本轮廓及刻面。
（2）根据光线表现要求，先涂蓝色，再用清水对台面进行渐变渲染。
（3）根据光影及宝石结构的特点，刻画深色的刻面。
（4）继续加深颜色，并绘制高光及台面的渐变渲染。
（5）勾勒刻面线条，使台面色彩渐变均匀。
（6）最后点高光，勾勒外边缘线。

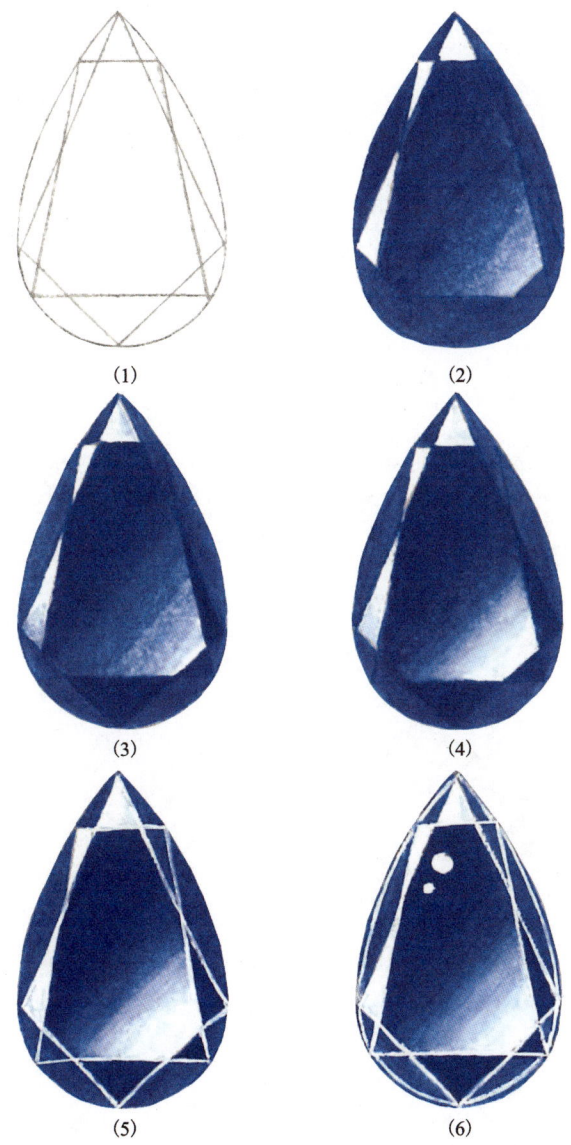

图 2-12 水滴形简单刻面宝石的着色方法

5. 心形简单刻面宝石的着色方法（图2-13）

（1）画出心形简单刻面宝石的基本轮廓及刻面。

（2）根据光线表现要求，先涂淡黄色，再用清水对台面进行渐变渲染。

（3）根据光影及宝石结构的特点，应用中黄色刻画深色的刻面。

（4）继续加深颜色，并绘制高光处及台面渐变渲染。

（5）勾勒刻面线条，使台面色彩渐变均匀。

（6）最后点高光，勾勒外边缘线。

图2-13 心形简单刻面宝石的着色方法

6. 祖母绿型简单刻面宝石的着色方法（图 2-14）

(1) 画出祖母绿型简单刻面宝石的基本轮廓及刻面。
(2) 根据光线表现要求，先涂绿色，再用清水对台面进行渐变渲染。
(3) 根据光影及宝石结构的特点，刻画深色的刻面。
(4) 继续加重深色刻面的颜色，并绘制高光处。
(5) 加重上腰面的颜色。
(6) 最后点高光，勾勒刻面线条，渲染台面。

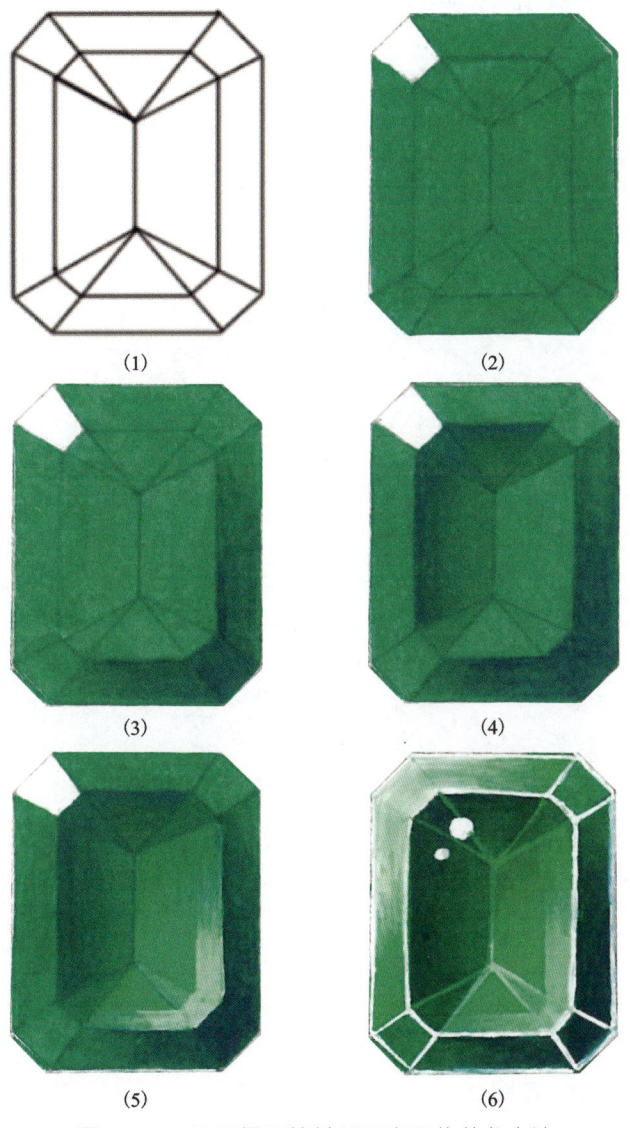

图 2-14 祖母绿型简单刻面宝石的着色方法

第二节 多刻面宝石的画法

一、多刻面宝石结构的画法

1. 标准圆钻型宝石结构的画法（图2-15、图2-16）

图2-15 标准圆钻型宝石

（1）先用铅笔在纸上轻轻画出"米"字形辅助线，再用宝石模板在中间画出适当大小的圆。

（2）将圆上半部分的竖直半径进行三等分，画出缩小1/3的同心小圆辅助线。

（3）绘制八边形台面：连接小圆辅助线与"米"字形辅助线的交点。

（4）在小圆与大圆之间画出同心中圆辅助线。

（5）在"米"字形辅助线的对角线处补画4条中线辅助线。

（6）绘制星小面：找出中线辅助线与中圆辅助线的交点，连接交点与八边形台面的角顶。

(7) 绘制风筝面：将星小面在中圆辅助线上的角顶连接"米"字形辅助线与大圆的交点。

(8) 绘制上腰面：将星小面在中圆辅助线上的角顶连接中线辅助线与大圆的交点。

(9) 用勾线笔重新勾勒结构，擦除铅笔线稿，完成绘制。

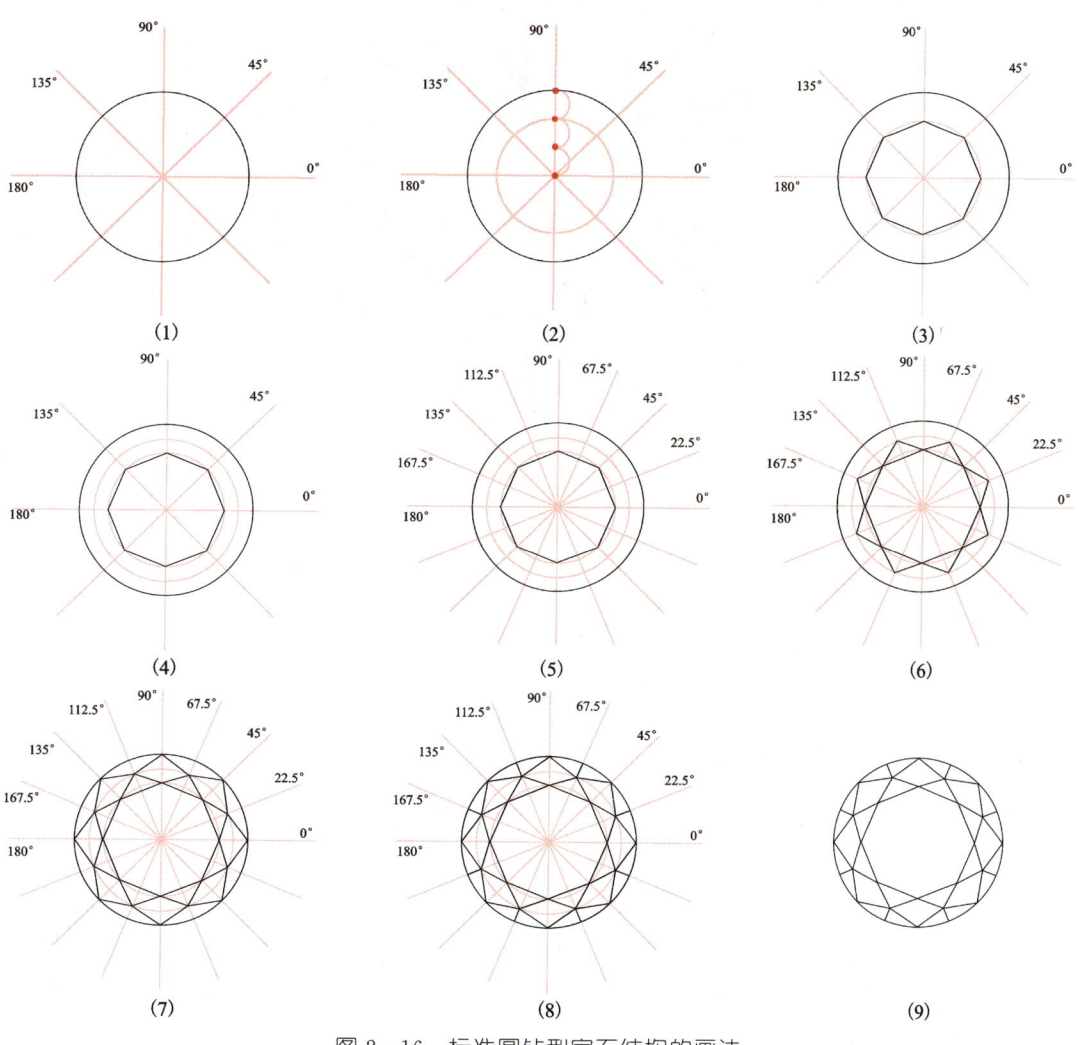

图 2-16 标准圆钻型宝石结构的画法

2. 椭圆形多刻面宝石结构的画法（图2-17、图2-18）

图2-17　椭圆形多刻面宝石

（1）先用铅笔在纸上轻轻画出十字形辅助线，再用椭圆模板在中间画出适当大小的椭圆，补全与椭圆外切的长方形辅助线。

（2）连接长方形对角线，形成"米"字形辅助线。

（3）将椭圆长轴的上半部分进行三等分，画出缩小1/3的同心小椭圆辅助线。

（4）绘制八边形台面：连接小椭圆辅助线与"米"字形辅助线的交点。

（5）在小椭圆与大椭圆之间画出同心中椭圆辅助线。

（6）在"米"字形辅助线之间补画4条辅助线（浅蓝色）。

（7）绘制星小面：找出上一步所画辅助线与中椭圆辅助线的交点，连接交点与八边形台面的角顶。

（8）绘制风筝面：将星小面与中椭圆辅助线的交点连接"米"字形辅助线与大椭圆的交点。

（9）绘制上腰面：将星小面与中椭圆辅助线的交点连接对应辅助线与大椭圆的交点。

（10）用勾线笔重新勾勒结构，擦除铅笔线稿，完成绘制。

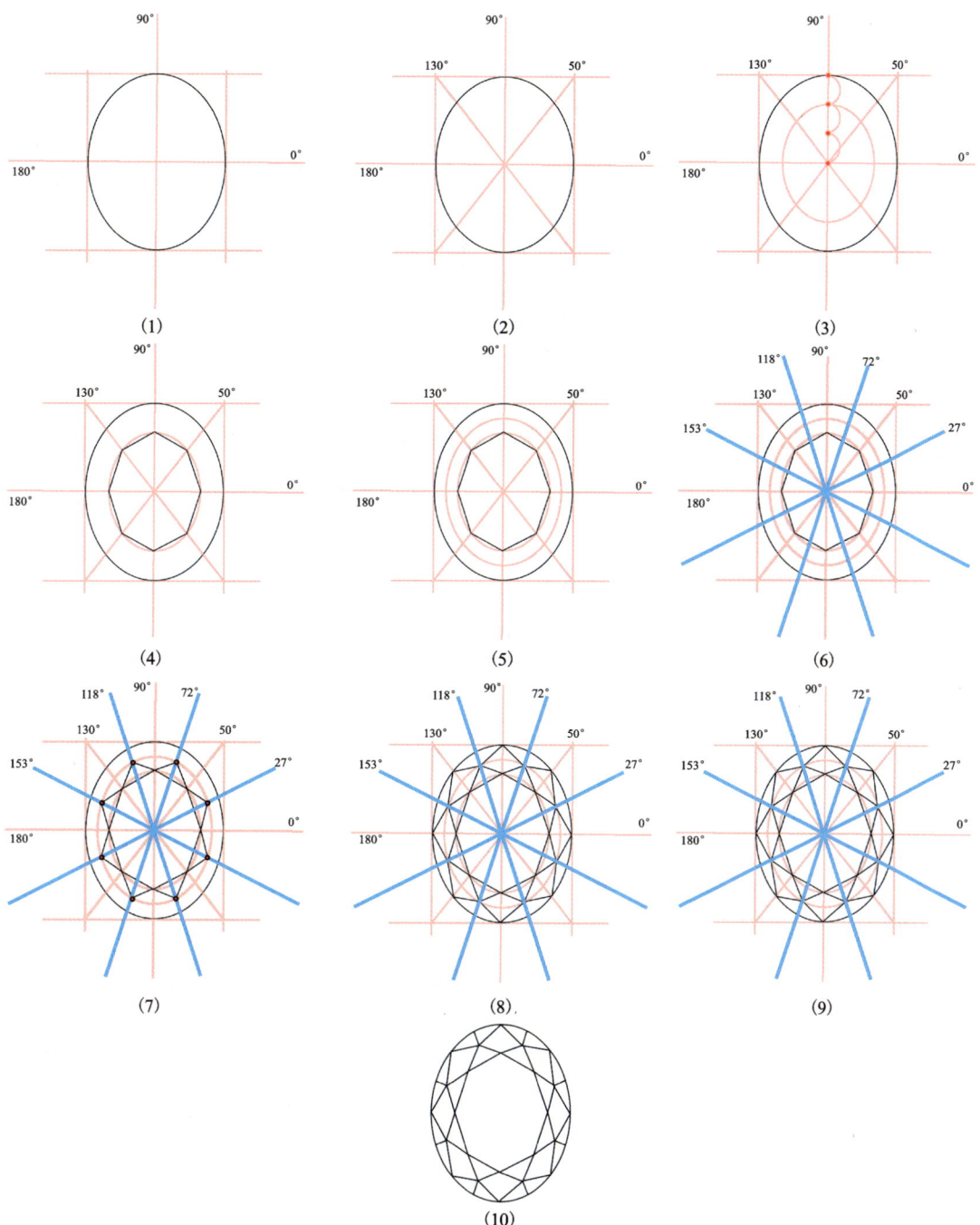

图 2-18 椭圆形多刻面宝石结构的画法

3. 马眼形多刻面宝石结构的画法（图 2-19、图 2-20）

图 2-19　马眼形多刻面宝石

（1）先用铅笔在纸上轻轻画出十字形辅助线，再用宝石模板在中间画出两条弧线。

（2）平分马眼形短轴的右半部分，在中点处绘制等比缩小的同心小马眼形辅助线。

（3）绘制八边形台面：先画出 60°、120°"米"字形辅助线和同心中马眼形辅助线，再连接小马眼形辅助线与"米"字形辅助线的交点。

（4）绘制星小面：画出 30°、80°、110°、150°辅助线，找出辅助线与中椭圆形辅助线的交点，连接交点与八边形台面的角顶。

（5）绘制风筝面：将星小面与中马眼形辅助线的交点连接"米"字形辅助线与大马眼形的交点。

（6）绘制上腰面：如图 2-19（6）所示，绘制上腰面的短线。

（7）用勾线笔重新勾勒结构，擦除铅笔线稿，完成绘制。

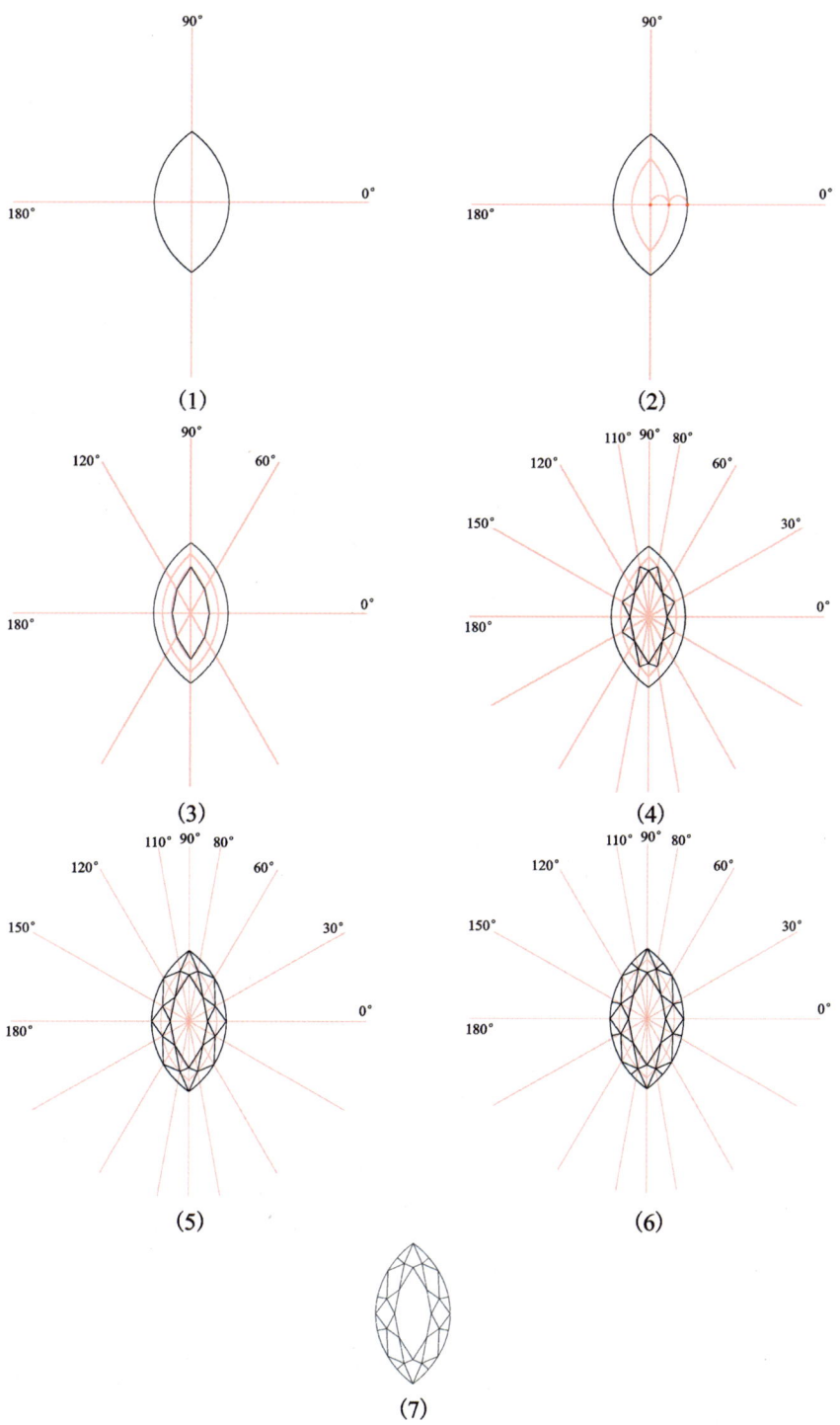

图 2-20 马眼形多刻面宝石结构的画法

4. 水滴形多刻面宝石结构的画法（图 2-21、图 2-22）

图 2-21　水滴形多刻面宝石

（1）先用铅笔轻轻画出十字形辅助线，再画出水滴形下部的圆形，最后用曲线模板画出水滴形上部的曲线。

（2）画出等比缩小一半的同心小水滴形辅助线。

（3）绘制台面：画出图 2-22（3）中的辅助线，并连接这一步所画辅助线与小水滴形辅助线的交点。

（4）绘制星小面：在小水滴形辅助线与大水滴形之间画出中水滴形辅助线，并连接中水滴形辅助线上每段弧线的中点与台面角顶。

（5）绘制风筝面：如图 2-22（5）所示，在大水滴形上取 8 个点，连接 8 个点与相邻星小面的顶点。

（6）绘制上腰面：如图 2-22（6）所示，绘制上腰面的短线。

（7）用勾线笔重新勾勒结构，擦除铅笔线稿，完成绘制。

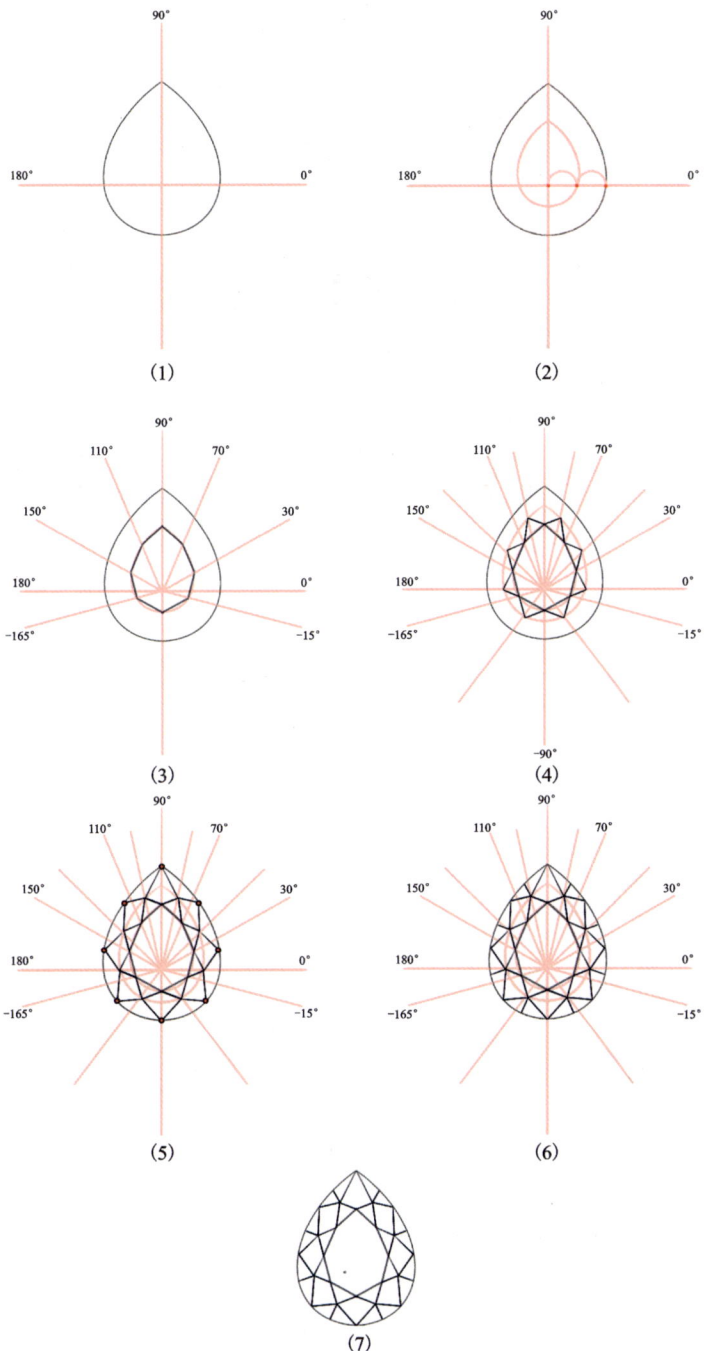

图 2-22 水滴形多刻面宝石结构的画法

5. 心形多刻面宝石结构的画法（图 2-23、图 2-24）

图 2-23　心形多刻面宝石

（1）用铅笔轻轻画出"米"字形辅助线，再用宝石模板在正中间画出适当大小的大心形。

（2）画出等比缩小一半的同心小心形辅助线。

（3）在大心形与小心形辅助线中间，画出一个同心的中心形辅助线。

（4）如图 2-24（4）所示，将中心形辅助线每段弧线的中点连接小心形辅助线与"米"字形辅助线的交点。

（5）绘制风筝面：如图 2-24（5）所示，在大心形上取 9 个点，连接这 9 个点与上一步画出图形的角顶。

（6）绘制上腰面：连接上腰面的短线。

（7）绘制八边形台面。

（8）用勾线笔重新勾勒结构，擦除铅笔线稿，完成绘制。

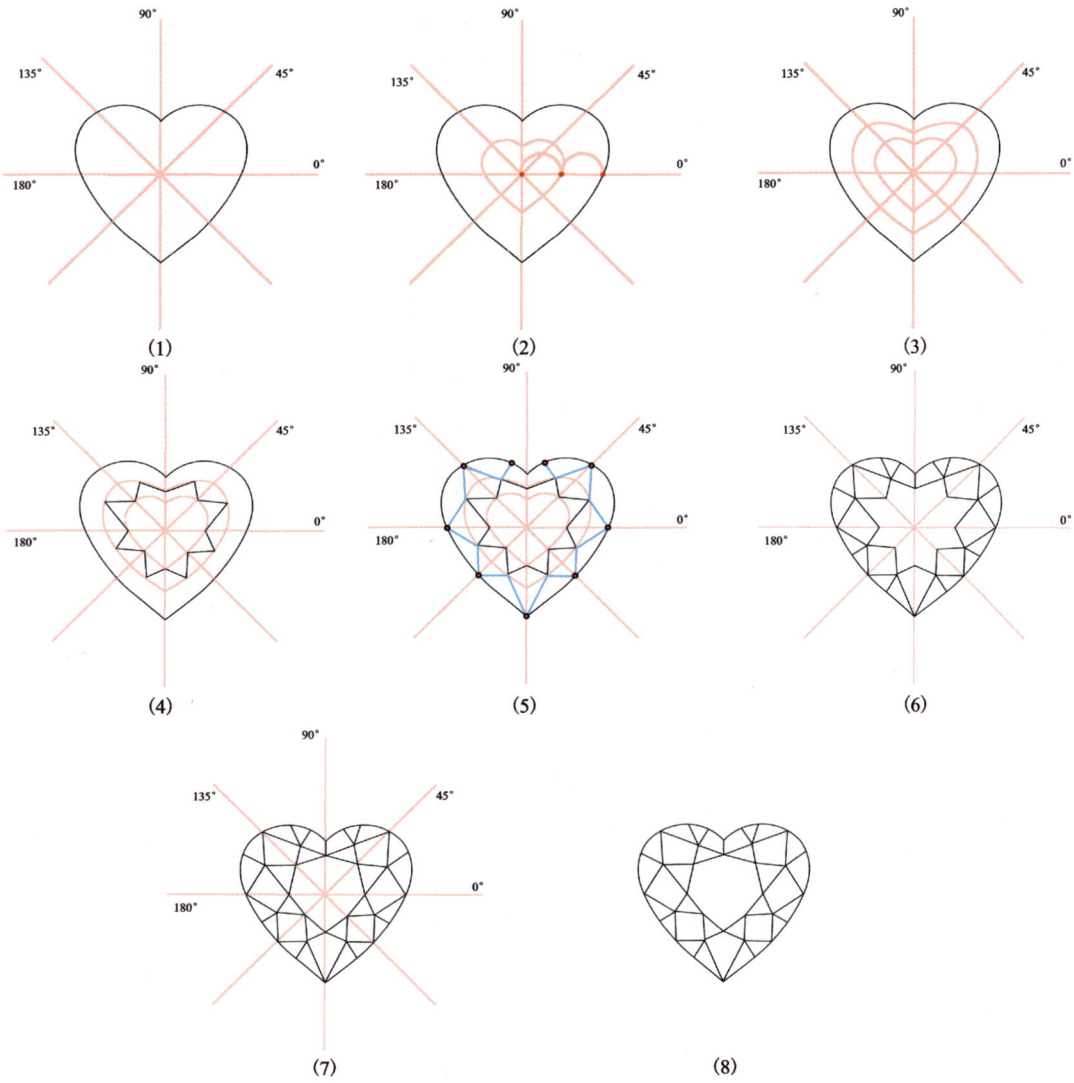

图 2-24 心形多刻面宝石结构的画法

6. 祖母绿型多刻面宝石结构的画法（图 2-25、图 2-26）

图 2-25　祖母绿型多刻面宝石

（1）先用铅笔在纸上轻轻画出十字形辅助线，再用宝石模板在中间画出适当大小的大长方形，长宽比例为 3∶2。

（2）在 4 个角处画出图 2-26（2）中的 45°斜线，并擦去原来的 4 个角。

（3）找到竖直辅助线上下部分的中点，如图 2-26（3）所示连接中点与截角长方形的角顶。

（4）按照一定比例沿祖母绿型的外轮廓画出宝石台面。

（5）将台面与外轮廓线之间相连的所有线进行三等分，通过等分点画出 2 个截角长方形。

（6）连接内部竖线，完成琢型整体的绘制。

（7）用勾线笔重新勾勒结构，擦除铅笔线稿，完成绘制。

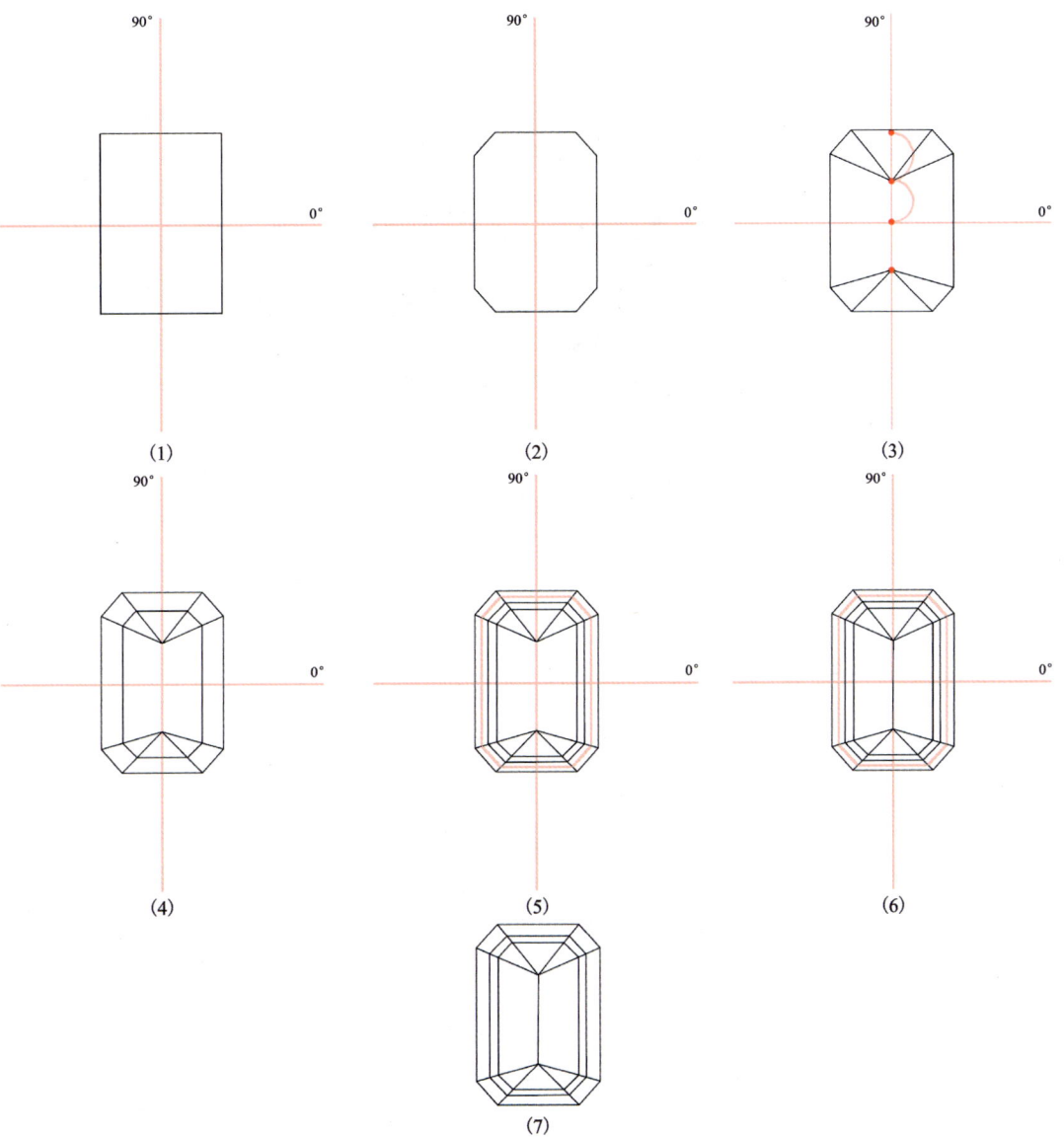

图 2-26 祖母绿型多刻面宝石结构的画法

7. 公主方型多刻面宝石结构的画法（图 2-27、图 2-28）

图 2-27　公主方型多刻面宝石

（1）先用铅笔在纸上轻轻画出十字形辅助线，再用宝石模板在中间画出大小合适的正方形。

（2）绘制一个等比缩小 1/3 的同心正方形。

（3）如图 2-28（3）所示交叉连接大正方形和小正方形的角顶。

（4）连接大正方形和小正方形距离最近的角顶。

（5）用勾线笔重新勾勒结构，擦除铅笔线稿，完成绘制。

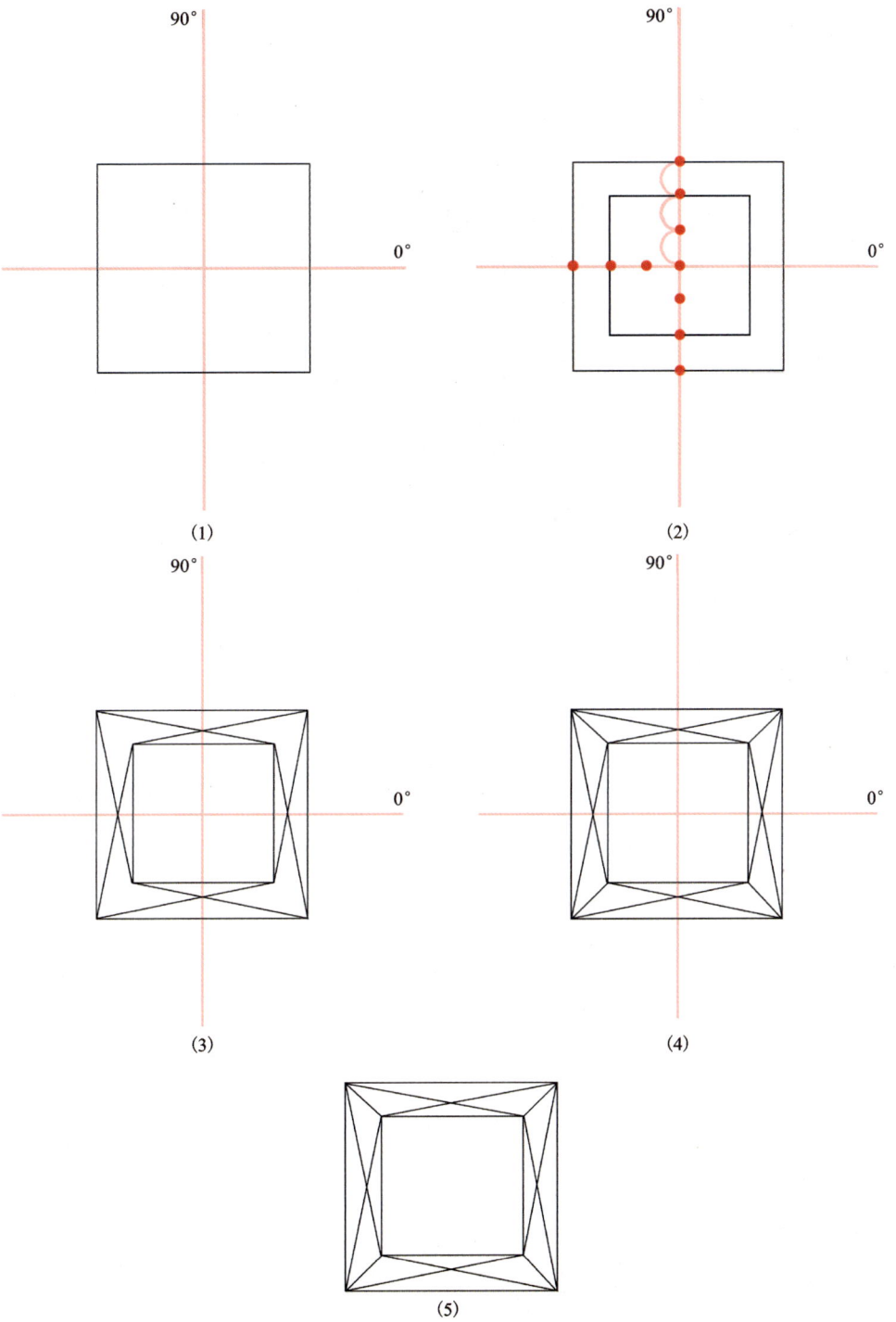

图 2-28 公主方型多刻面宝石结构的画法

8. 枕形多刻面宝石结构的画法（图 2-29、图 2-30）

图 2-29　枕形多刻面宝石

（1）先用铅笔轻轻画出十字形辅助线，再用宝石模板画出枕形的轮廓。

（2）在枕形内十字形辅助线中点处绘制小正方形辅助线。

（3）对枕形上半部进行三等分。

（4）连接最上面的三等分点和正方形辅助线的角顶，并按相同方法绘制八边形台面。

（5）在十字形辅助线之间补全 4 条中线辅助线。

（6）绘制星小面：在 4 条中线辅助线上各找距中心等距的 8 个点，将它们各自与最近的台面角顶相连。

（7）绘制风筝面：如图 2-30（7）所示，将星小面的尖顶分别连接枕形外轮廓与 0°、45°、90°、135°辅助线的交点。

（8）绘制上腰面：连接上腰面的小短线。

（9）用勾线笔重新勾勒结构，擦除铅笔线稿，完成绘制。

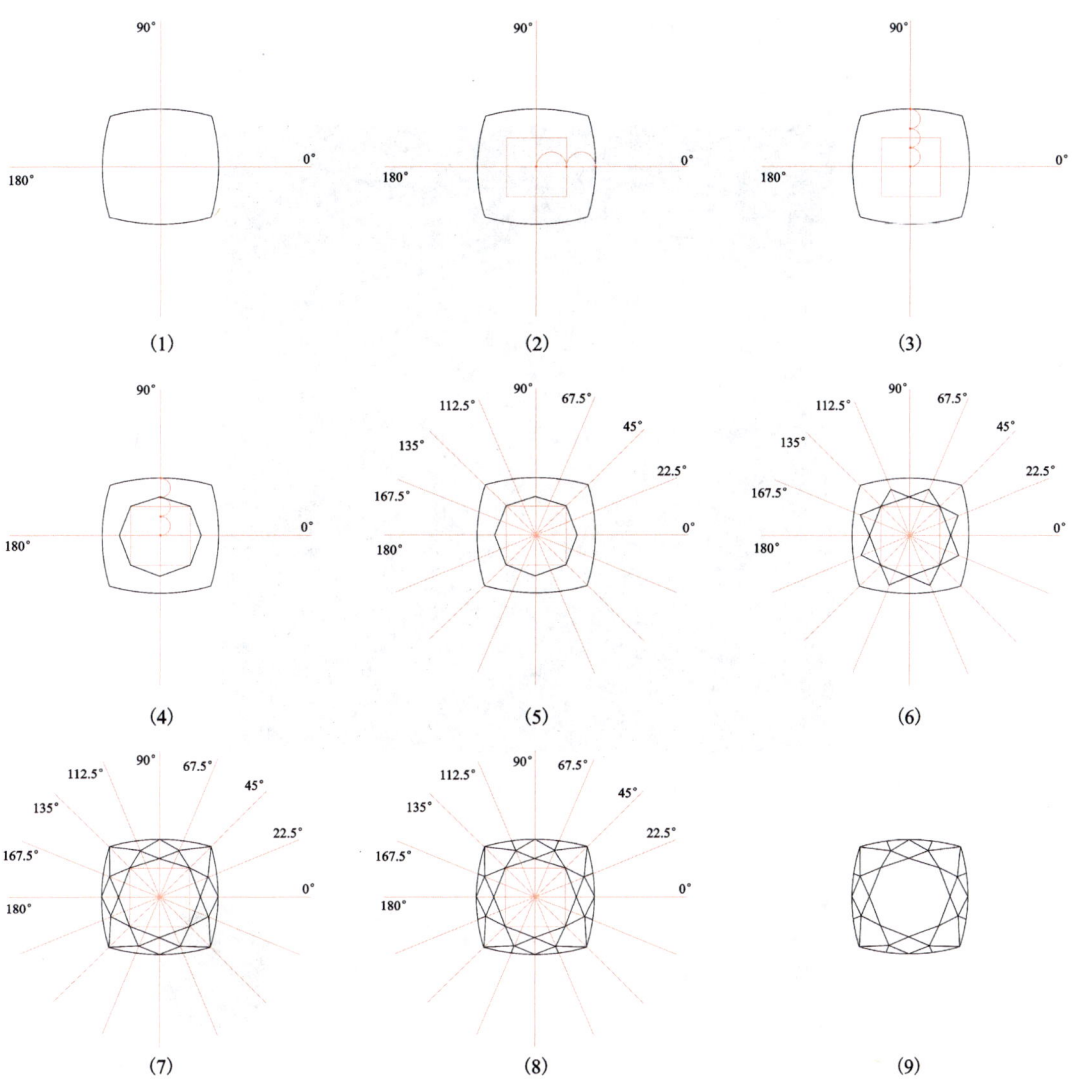

图 2-30 枕形多刻面宝石结构的画法

二、多刻面宝石的着色方法

1. 标准圆钻型宝石的着色方法

下面将绘制一个红色标准圆钻型宝石（图2-31），所用工具及着色方法如下（图2-32、图2-33）。

图2-31　红色标准圆钻型宝石

工具：勾线笔、水粉笔、水粉颜料、卡纸。

 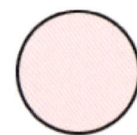 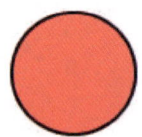 

图2-32　红色宝石效果图色板

（1）用勾线笔画出标准圆钻型宝石的轮廓。

（2）给标准圆钻型宝石整体上色，注意颜色要均匀。这里上的是红色。

（3）画出标准圆钻型宝石亮部与暗部的明暗关系，使深色部分与亮色部分过渡柔和。

（4）用深色以放射状的形式对暗部进行上色，部分刻面也上深色。

（5）将亮色以放射状的形式进行上色。部分刻面也是受光面，上亮色。

（6）加上轮廓线和高光，添加阴影，完成绘制。

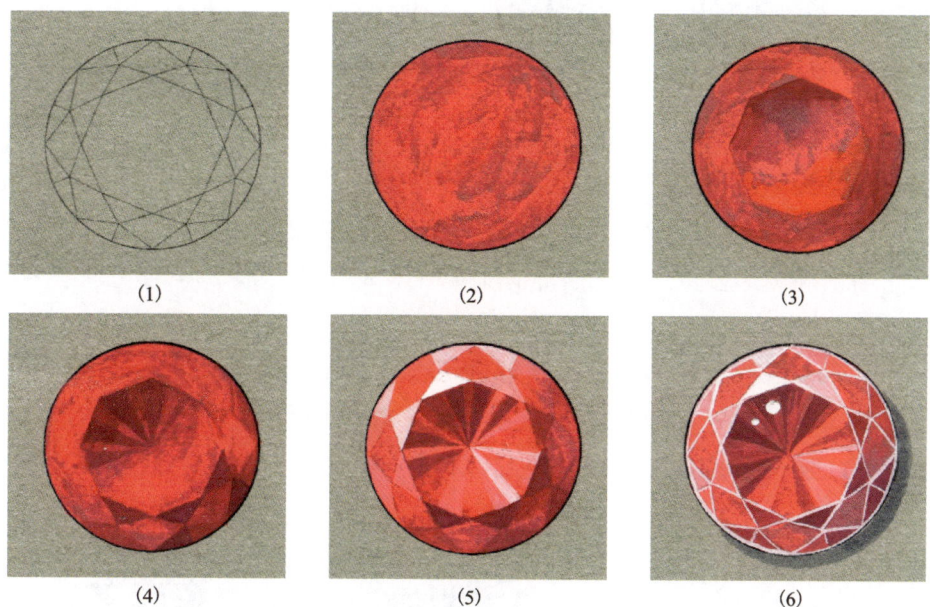

图 2-33　红色标准圆钻型宝石的着色方法

2. 椭圆形多刻面宝石的着色方法

下面将绘制一个蓝色椭圆形多刻面宝石（图 2-34），所用工具及着色方法如下（图 2-35、图 2-36）。

图 2-34　蓝色椭圆形多刻面宝石

工具：勾线笔、水粉笔、水粉颜料、卡纸。

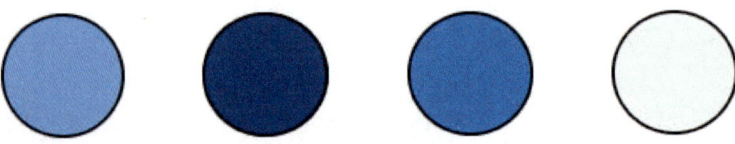

图 2-35　蓝色宝石效果图色板

（1）用勾线笔画出椭圆形多刻面宝石的轮廓。

（2）给椭圆形多刻面宝石整体上色，注意颜色要均匀。这里上的是皇家蓝。

（3）画出椭圆形多刻面宝石亮部与暗部的明暗关系，使深色部分与亮色部分过渡柔和。

（4）将深色以放射状的形式对暗部进行上色，部分刻面也上深色。

（5）将亮色以放射状的形式进行上色。部分刻面也是受光面，上亮色。

（6）画上椭圆形多刻面宝石的轮廓线和高光，添加阴影，完成绘制。

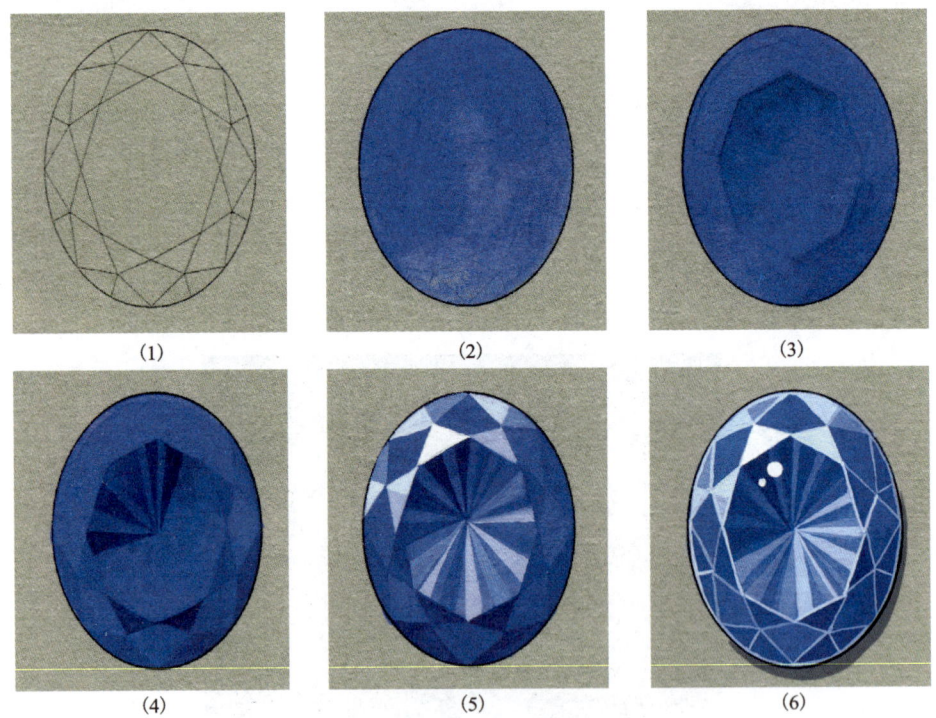

图 2-36　蓝色椭圆形多刻面宝石的着色方法

3. 马眼形多刻面宝石的着色方法

下面将绘制一个玫红色马眼形多刻面宝石（图2-37），所用工具及着色方法如下（图2-38、图2-39）。

图2-37 玫红色马眼形多刻面宝石

工具：勾线笔、水粉笔、水粉颜料、马克笔、卡纸。

图2-38 玫红色宝石效果图色板

（1）用勾线笔画出马眼形多刻面宝石的轮廓。

（2）给马眼形多刻面宝石整体上色，注意颜色要均匀。这里上的是玫红色。

（3）画出马眼形多刻面宝石亮部与暗部的明暗关系，使深色部分与亮色部分过渡柔和。

（4）将深色以放射状的形式对暗部进行上色，部分刻面也上深色。

（5）将亮色以放射状的形式进行上色。部分刻面也是受光面，上亮色。

（6）画上玫红色马眼形多刻面宝石的轮廓线和高光，添加阴影，完成绘制。

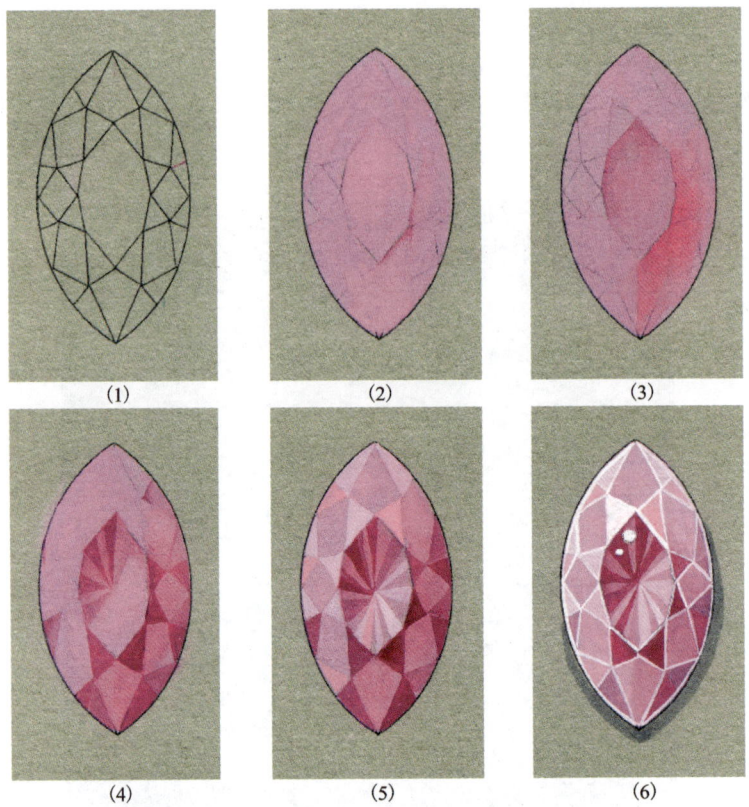

图 2-39 紫色马眼形多刻面宝石的着色方法

4. 水滴形多刻面宝石的着色方法

下面将绘制一个蓝色水滴形多刻面宝石（图 2-40），所用工具及着色方法如下（图 2-41、图 2-42）。

图 2-40 蓝色水滴形多刻面宝石

工具：勾线笔、水粉笔、水粉颜料、卡纸。

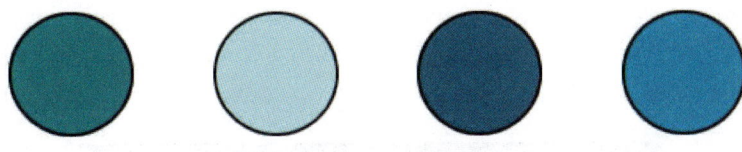

图 2-41　蓝色宝石效果图色板

（1）用勾线笔画出水滴形多刻面宝石的轮廓。

（2）给水滴形多刻面宝石整体上色，注意颜色要均匀。这里上的是浅绿蓝色。

（3）画出水滴形多刻面宝石亮部与暗部的明暗关系，使深色部分与亮色部分过渡柔和。

（4）将深色以放射状的形式对暗部进行上色，部分刻面也上深色。

（5）将亮色以放射状的形式进行上色。部分刻面也是受光面，上亮色。

（6）画上水滴形多刻面宝石的轮廓线和高光，添加阴影，完成绘制。

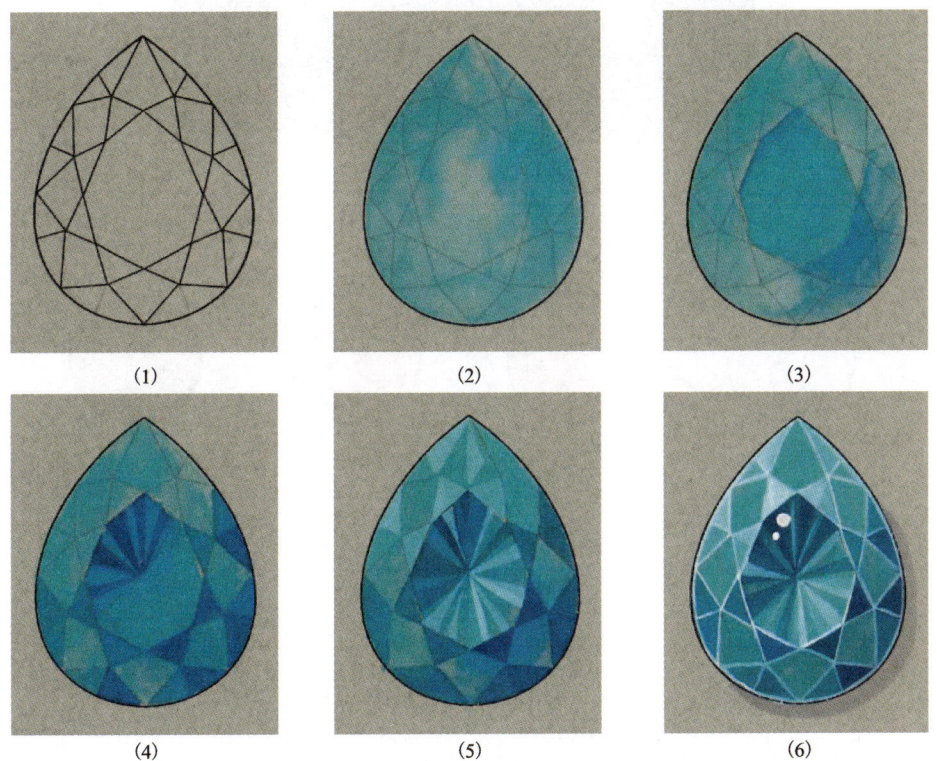

图 2-42　蓝色水滴形多刻面宝石的着色方法

5. 心形多刻面宝石的着色方法

下面将绘制一个粉红色心形多刻面宝石（图2-43），所用工具及着色方法如下（图2-44、图2-45）。

图2-43　粉红色心形多刻面宝石

工具：勾线笔、水粉笔、水粉颜料、卡纸。

图2-44　粉红色宝石效果图色板

（1）用勾线笔画出心形多刻面宝石的轮廓。

（2）给心形多刻面宝石进行整体着色，颜色要均匀，这里上的是深粉色（注意色彩的饱和度）。

（3）画出心形多刻面宝石亮部与暗部的明暗关系，使深色部分与亮色部分过渡柔和。

（4）将深色以放射状的形式对暗部进行上色，部分刻面也上深色。

（5）将亮色以放射状的形式进行上色。部分刻面也是受光面，上亮色。

（6）画上心形多刻面宝石的轮廓线和高光，添加宝石的阴影部分，调整明暗对比度，完成绘制。

图 2-45 粉红色心形多刻面宝石的着色方法

6. 祖母绿型多刻面宝石（图 2-46）的着色方法

下面将绘制一个绿蓝色祖母绿型多刻面宝石，所用工具及着色方法如下（图 2-47、图 2-48）。

图 2-46 祖母绿型多刻面宝石

工具：勾线笔、水粉笔、水粉颜料、卡纸。

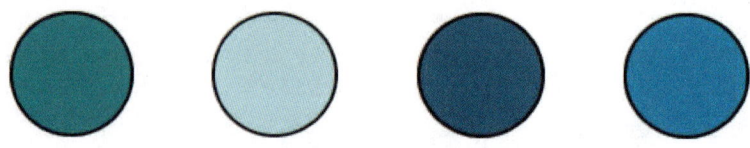

图 2-47　绿蓝色宝石效果图色板

（1）用勾线笔画出祖母绿型多刻面宝石的轮廓。

（2）给祖母绿型多刻面宝石整体上色，注意颜色均匀，不盖住刻面线。

（3）画出祖母绿型多刻面宝石亮部与暗部的明暗关系，使深色部分与亮色部分过渡柔和。

（4）将深色以"条形码"的形式分别上色于祖母绿型多刻面宝石的暗部。

（5）将亮色以"条形码"的形式分别上色于祖母绿型多刻面宝石的受光面和亮部。

（6）绘制祖母绿型多刻面宝石的轮廓线和高光，添加宝石的阴影部分，完成绘制。

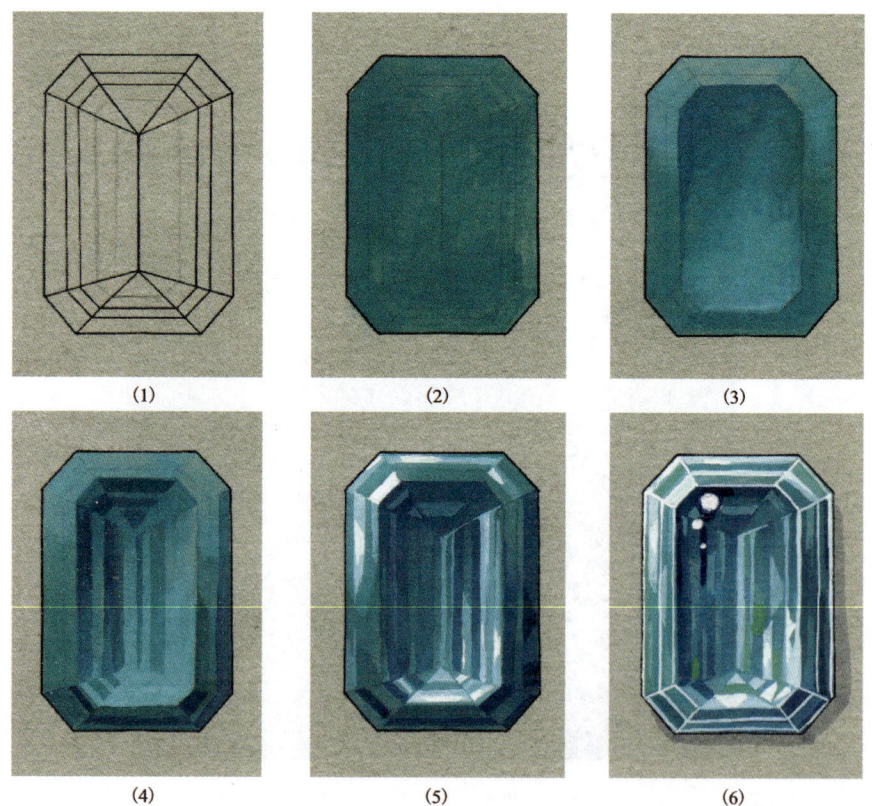

图 2-48　绿蓝色祖母绿型多刻面宝石的着色方法

7. 公主方型多刻面宝石的着色方法

下面将绘制一个无色公主方型多刻面宝石（图2-49），所用工具及着色方法如下（图2-50、图2-51）。

图2-49　无色公主方型多刻面宝石

工具：勾线笔、水粉笔、水粉颜料、卡纸。

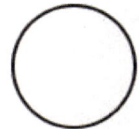   

图2-50　无色宝石效果图色板

（1）用勾线笔画出公主方型多刻面宝石的轮廓。

（2）给公主方型多刻面宝石整体上色，注意颜色要均匀。这里上的是灰色。

（3）画出公主方型多刻面宝石亮部与暗部的明暗关系，使深色部分与亮色部分过渡柔和。

（4）将深色以中心放射状形式上色于公主方型多刻面宝石的暗部。

（5）将亮色以中心放射状形式分别上色于公主方型多刻面宝石的受光面和亮部。

（6）画出公主方型多刻面宝石的轮廓线和高光，添加阴影，完成绘制。

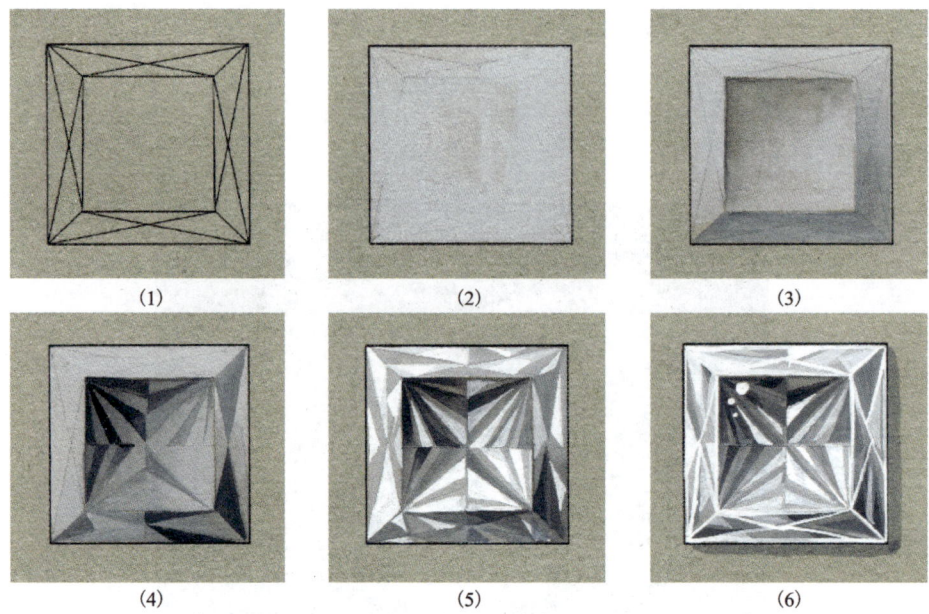

图 2-51 无色公主方型多刻面宝石的着色方法

8. 枕形多刻面宝石的着色方法

下面将绘制一个蓝色枕形多刻面宝石（图 2-52），所用工具及着色方法如下（图 2-53、图 2-54）。

图 2-52 蓝色枕形多刻面宝石

工具：勾线笔、水粉笔、水粉颜料、卡纸。

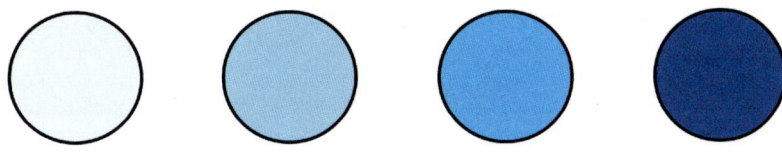

图 2-53　蓝色宝石效果图色板

（1）用勾线笔画出枕形多刻面宝石的轮廓线。

（2）给枕形多刻面宝石整体上色，注意颜色要均匀。这里上的是天蓝色。

（3）画出枕形多刻面宝石亮部与暗部的明暗关系，使深色部分与亮色部分过渡柔和。

（4）将深色以放射状的形式上色于宝石的暗部。部分刻面也是暗部，上深色。

（5）将亮色以放射状的形式分别上色于枕形多刻面宝石的受光面和亮部。

（6）画出枕形多刻面宝石的轮廓线和高光。在勾勒宝石轮廓线时，应使线条笔直干净，不宜拖泥带水。最后添加阴影，完成绘制。

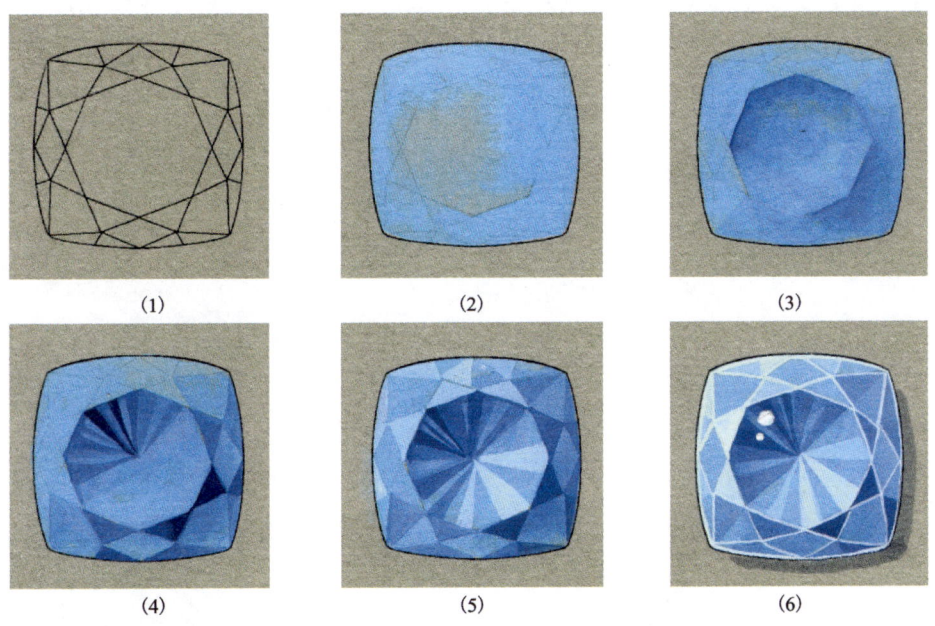

图 2-54　蓝色枕形多刻面宝石的着色方法

绘制时，要准确表现多刻面宝石的结构，要注意色彩的应用和每个刻面的对比表现。勾勒刻面线条时，应有力度并且细致。

第三节　其他宝石的画法

一、祖母绿型宝石冰淇淋首饰的画法（图 2-55）

（1）用勾线笔勾勒首饰轮廓线，勾勒时注意几个要点：靠近光线的位置，线条要细；靠近光影位置的线条，线可以粗一些。

（2）平铺金属的基本色，基本色一般为金属本身的颜色。黄金的基本色为淡黄色＋中黄色，白金的基本色为浅灰色（白色＋灰色）。

（3）勾勒金属的结构，绘画白金的喷砂效果。在绘画喷砂效果时，应先点深色调，后点亮色调。要根据结构及金属亮度绘画喷砂效果，在高光的地方就多点亮色调，在暗部多点深色调。

（4）先根据祖母绿型宝石的结构上色，注意首饰的结构及视觉层次感，再给其他宝石上色。

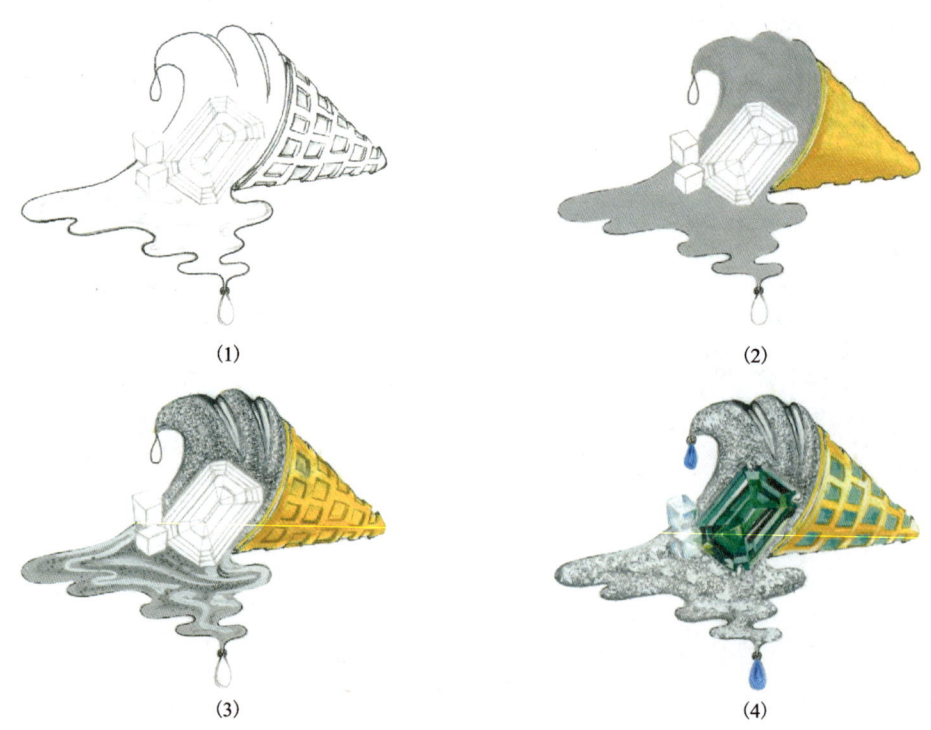

图 2-55　祖母绿型宝石冰淇淋首饰的画法

二、翡翠胸针的画法（图 2－56）

（1）用勾线笔勾勒胸针的轮廓线，勾线时注意胸针的动态结构。

（2）平铺金属、翡翠的基本色。把翡翠的高光位置留出来，并进行润色让其基本立体形态展现出来。

（3）重点刻画翡翠颜色，运用色彩的冷暖对比、明度对比进行表现。高光处颜色较深，并为冷色调；反光处为暖色调，较亮一些。这样的对比会使翡翠显得晶莹剔透。

（4）最后再处理小碎钻和其他配石的色彩，整体调整明亮度。

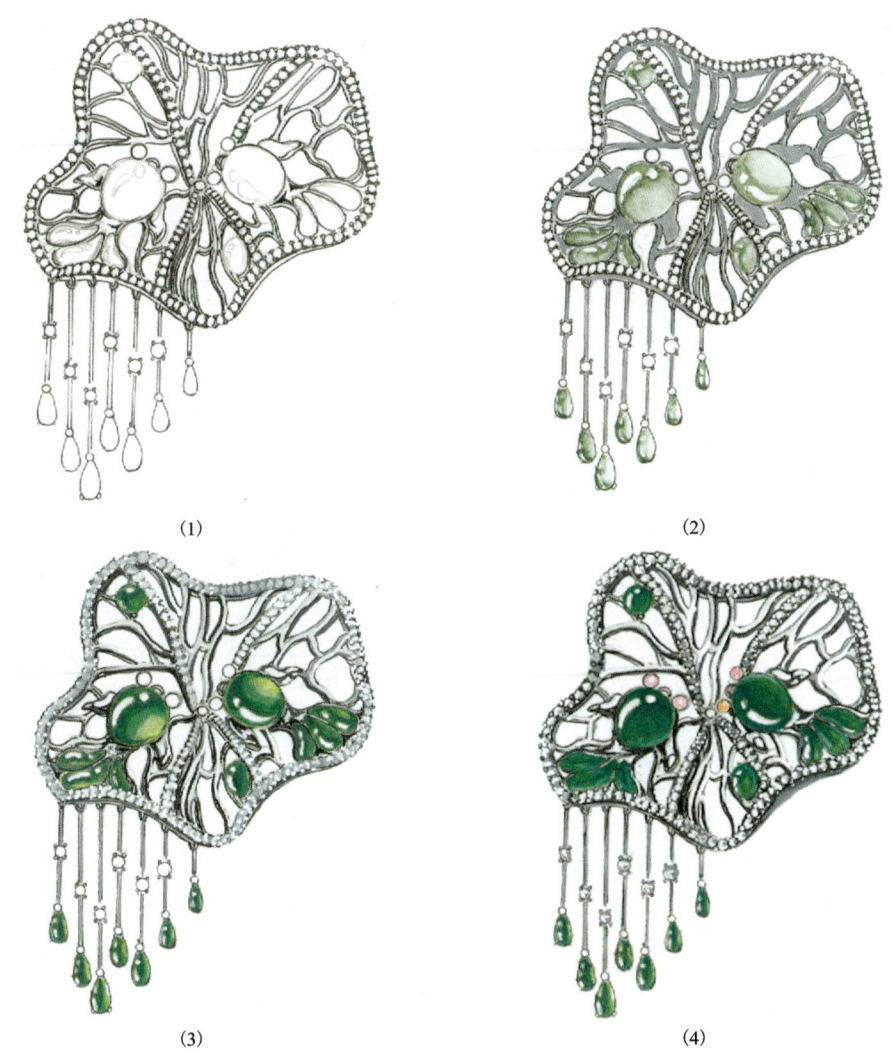

图 2－56　翡翠胸针的画法

三、海蓝宝石胸针的画法（图 2 - 57）

（1）先用勾线笔勾勒首饰轮廓线，然后勾勒群镶宝石。注意按熊的形体结构排列宝石。

（2）绘制主石的刻面轮廓和主石旁边的宝石。

（3）平铺铂金的基本色，基本色为铂金本身的颜色，然后绘画铂金的亮部及高光，注意宝石的镶嵌结构及工艺。

（4）使用 0.01mm 的中性勾线笔对群镶宝石进行勾线，勾线时注意宝石之间的衔接。

（5）先平铺主石海蓝宝石的颜色，注意色彩饱和度及层次关系，留出高光位置。再根据海蓝宝石的刻面结构及光泽特点，加深海蓝宝石刻面的颜色。并根据海蓝宝石的明亮对比，整体调整宝石的色彩、光泽。

（6）绘画碎钻：先平铺碎钻的颜色，再用白色刻画碎钻刻面，最后进行整体调整。

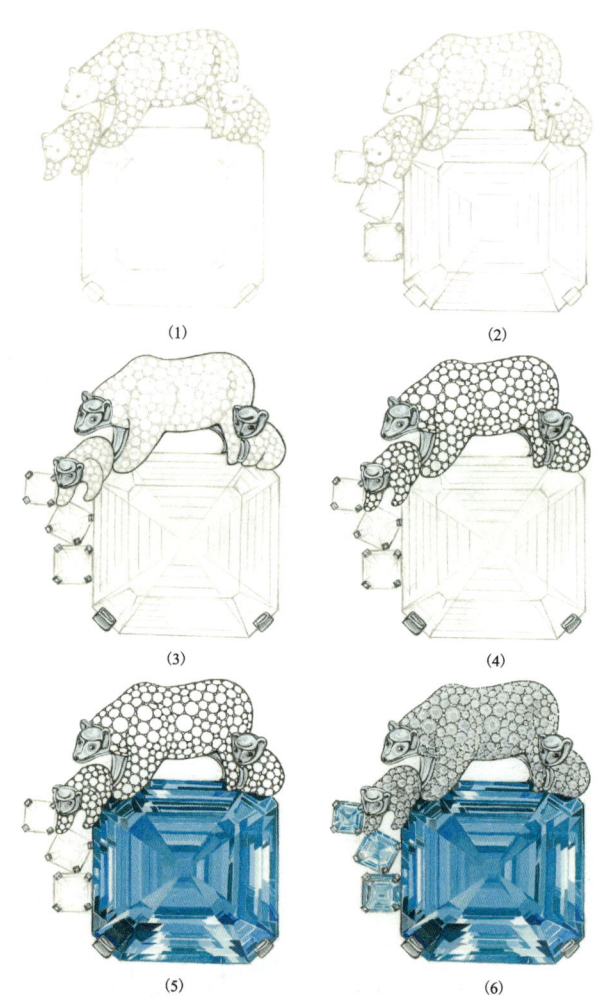

图 2-57 海蓝宝石胸针的画法

四、珍珠首饰的画法(图 2-58)

(1)用勾线笔勾勒首饰轮廓线,勾线时注意首饰的动态结构。
(2)平铺金属的基本色,基本色为首饰的本身颜色。
(3)用黑色勾勒金属的光影部分。
(4)根据金属的光泽,刻画黄金和白色 K 金的亮部,最后整体调整金属的明亮度。
(5)对珍珠进行着色:先平铺珍珠的基本色,然后绘画珍珠的光影部分,使其色彩对比强烈。
(6)整体调整,注意金属在珍珠上的环境色表现。

图 2-58 珍珠首饰的画法

五、琥珀胸针的画法（图 2-59）

（1）用勾线笔绘制琥珀胸针的外轮廓线、内部结构线及排石勾线。
（2）对琥珀进行铺色，运用淡黄色铺底色。
（3）进一步绘制琥珀，并对里面的肌理进行绘制。
（4）整体调整光感以及明度的层次关系，最后进行高光处理。

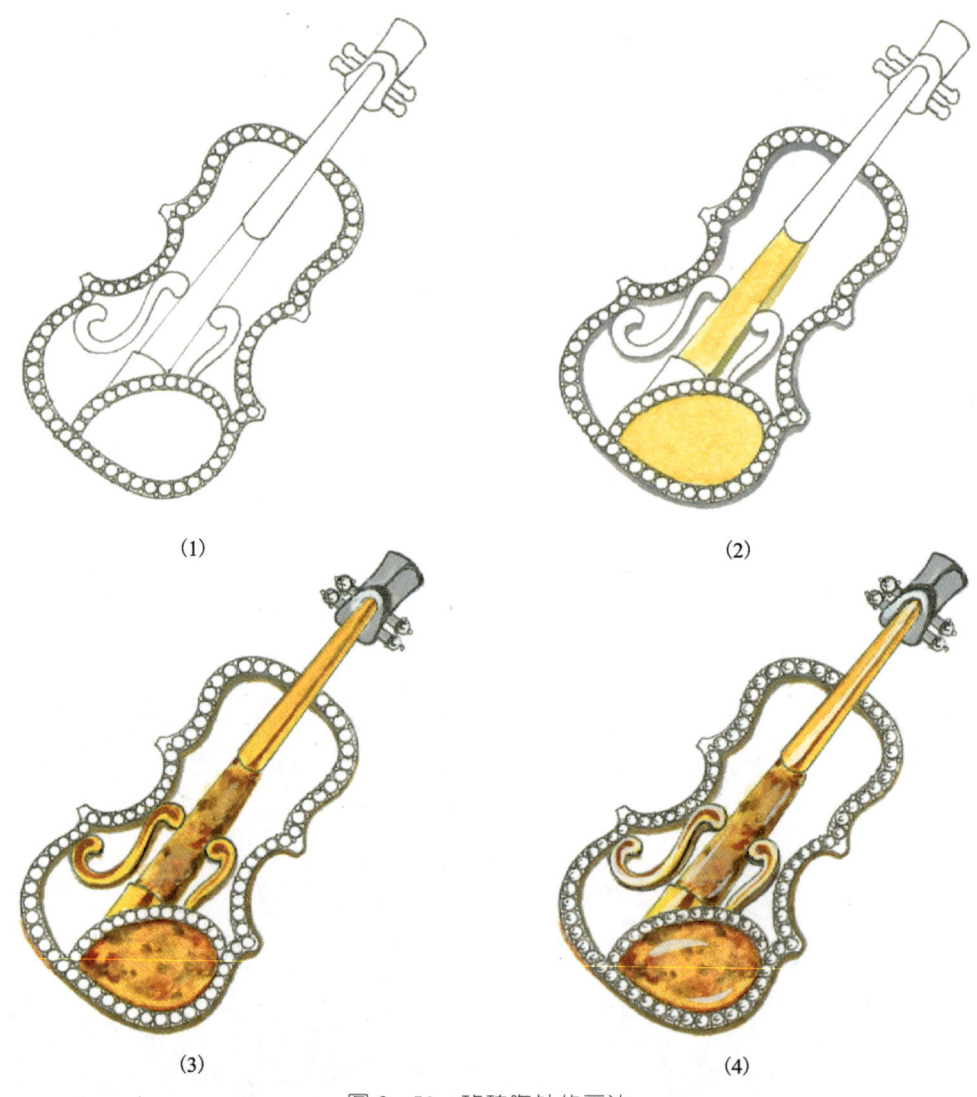

图 2-59　琥珀胸针的画法

六、孔雀石胸针的画法（图 2-61）

（1）用勾线笔绘制青蛙造型的胸针。
（2）平铺孔雀石主石的底色，绘制银的光影部分。
（3）先给青蛙眼睛上的刻面宝石和孔雀石的条纹上色，最后点高光。

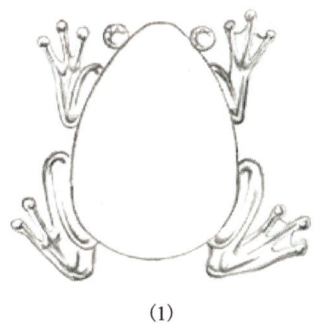
（1）

（2）

（3）

图 2-60　孔雀石胸针的画法

七、双色碧玺吊坠的画法（图 2-61）

（1）用勾线笔绘制碧玺吊坠的轮廓。
（2）平铺宝石的颜色，进行色彩渲染。
（3）先加深宝石的颜色，再给金属部分上色。最后进行提亮、高光处理。

（1）

（2）

（3）

图 2-61　双色碧玺吊坠的画法

课后作业

（1）绘制5颗简单刻面宝石并上色（占课程作业评分的40%）：圆形简单刻面宝石、椭圆形简单刻面宝石、马眼形简单刻面宝石、水滴形简单刻面宝石、心形简单刻面宝石。

（2）绘制8颗复杂的多刻面宝石并上色（占课程作业评分的60%）：标准圆钻型宝石、椭圆形多刻面宝石、马眼形多刻面宝石、水滴形多刻面宝石、心形多刻面宝石、祖母绿型多刻面宝石、公主方型多刻面宝石、枕形多刻面宝石。

第三章 首饰的勾线练习

知识点

（1）勾线技法：注重首饰的透视造型和内部结构细节。透视造型的勾线要注意把握光源和光影的问题；内部结构的勾线要注意把握内部结构造型部位的衔接。勾线应清晰明了，体现透视、质感、形态结构等因素。

（2）勾线形式：注意线条力度感、光影感、首饰材料质感等方面。

（3）外部轮廓线：表现首饰造型形态及透视关系。

（4）内部结构线（光影线）：表现首饰内部结构及功能。

学习重点

（1）勾线要领：勾线时要注意力度，应轻重变化有度，起笔、收笔时力度要有变化；靠近光线位置线变细，靠近暗部位置线变粗，物体的拐弯处线变粗；穿插应用外轮廓线和内部结构线，注意疏密结合；外轮廓线条的始末应表达清楚，明确线从哪里出来，到哪里结束；线条应有紧有松，有实有虚，一张一弛地表现效果；注意光影的位置和变化，在勾勒光影线时，要记住光影线是随物体结构的变化而变化的。

（2）结构因素：注意金属内部结构和外轮廓造型的透视关系；注意密钉镶和无边镶宝石的透视变化、排石大小及排列方式。

学习目标

通过学习金属结构和宝石镶嵌的基本勾线方法，加强对透视设计表现和宝石加工工艺的理解，提升在不同的设计过程中应用不同的宝石画法及色彩表现的能力。

教学方法

在教学过程中，注重对首饰实物形态的深入研究与实际勾线技巧的融合；侧重于首饰形态与结构绘画的应用，主要培养学生对外部轮廓线和内部结构线的勾线能力。通过一系列勾线练习，学生能够有效捕捉首饰的基本形态。这一训练的主要目的在于为首饰设计的初步绘图阶段提供有力的支持，同时也便于学生在与客户沟通时，能够迅速而准确地呈现出设计构思。

在首饰设计专业中，首饰设计基础课程的主要任务是使学生了解首饰材料和首饰的绘画表现；学会运用不同的绘画材料画出不同的首饰；快速画出首饰的效果图；加深对首饰工艺知识和对首饰三维空间的理解。勾线技法作为其中的一种，在学习此技法时，要求：线条有力，一气呵成；线条粗细变化自然；前实后虚，前细后粗；线条走势清楚；勾线能体现材料的光影质感。学好勾线技法可为后面的上色打下良好的基础。

1. 勾线时常出现的问题

（1）单条线条没有变化，柔软无力，太像装饰画（图3-1）。两边线条勾勒得太深，给人一种首饰不是用金属做的，像是用泥土做的感觉。

（2）线多、杂、乱。图3-2中的作品光影部分非常混乱，给人的感觉是光线不知道从哪个方向发出的，混乱的光影使金属的结构看上去非常不清晰。

（3）高光处的线条与暗部的线条粗细没有变化，显得粗笨，没有立体感。

（4）线条断断续续、不连贯。

（5）内部结构中的阴影线粗细不当、不连贯，像缝的针线（图3-2）。

图3-1　柔软无力的线条　　　　　图3-2　光影混乱的作品

在勾线技法中，这些问题的出现会弱化首饰材质的表现力，也会让其他绘画技法无法表现得十分到位。这就要求我们要会分析出现这些问题的主要原因是什么，并一一解决它们。

2. 出现问题的原因

出现问题的原因：不了解首饰结构和透视关系；不确定首饰高光的位置；绘画时，手腕不灵活；画线时，不能很灵活地把握用笔的力度。

3. 解决方法

（1）运用素描的形式画首饰，了解首饰的结构及透视关系。可在图画纸上起好稿子以后，再用硫酸纸过稿。过稿子时，先用2B铅笔轻描，然后用软头笔勾线，最后用橡皮擦去铅笔线，完成画稿。

（2）学会分析结构后确定光源，确定光源后基本可以找到光影的位置。这样线条就不会凌乱。

（3）注意呼吸：在画线条的时候，尤其是画长线条时，调整呼吸很重要。这是很多初学者容易忽视的。勾一条长线时要屏住呼吸，否则线条就会不够流畅。我们可以边练习边自行体会。

（4）掌握用线的原则。在同一平面里，线的粗细虚实各有不同，总的说来，颜色深的线条粗重，颜色浅的线条细虚；在所描绘对象的同一层次上，上面的线浅细一些，下面的线粗重一些。在不同平面之间，线的粗细虚实应遵守工笔画中"近浓远淡、近实远虚"这个基本原则。

在首饰绘画技法中，勾线技法占有非常重要的地位，勾线能力的好坏直接影响着其他技法的表现力。多练习是提高勾线水平的有效途径，在练习时最主要的是要注重透视关系，了解首饰结构，确定光线方向，注意整体绘画效果。在把握这些要点的基础上进行练习，会大大提高手绘能力。

第一节　素金首饰的勾线练习

在练习前，要加强对金属性能和结构的了解。在勾线练习中，我们应了解金属的市场价值、延展性和工艺呈现的效果等，并在设计中进一步了解工艺的应用。

一、平面素金首饰的勾线练习

平面素金首饰的勾线方法如下（图3-3）。
（1）用铅笔进行造型勾线。
（2）用中性笔进行光影勾线。
（3）用中性笔勾勒过渡光影。

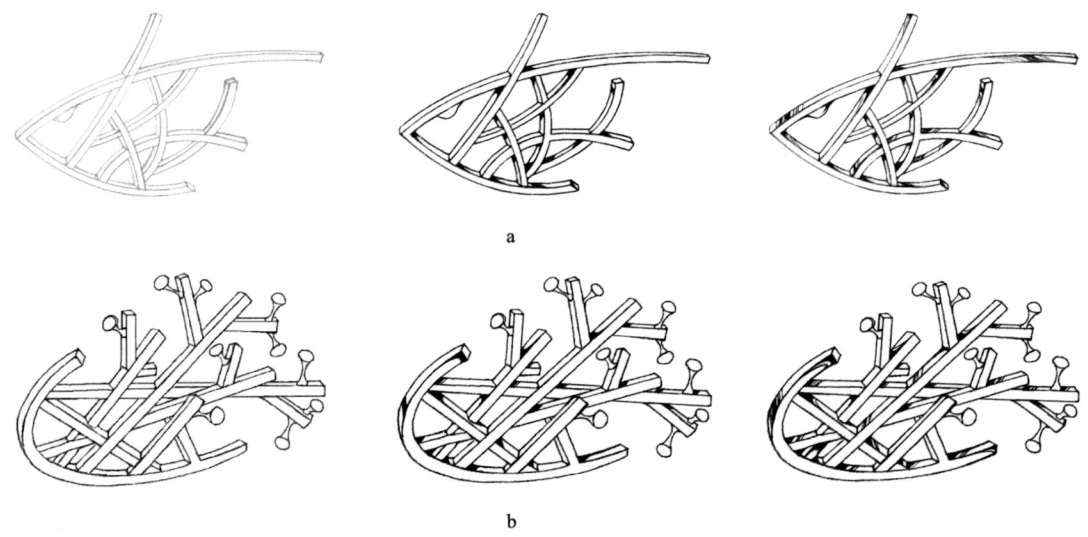

图3-3 平面素金首饰的勾线案例

二、凸起弧面素金首饰的勾线练习

凸起弧面素金首饰的勾线方法如下（图3-4）。
（1）用铅笔起线稿，注意透视结构。
（2）用中性笔勾勒造型的外轮廓线，记得前实后虚、前细后粗的表现形式。
（3）用中性笔勾勒造型的光影线（明暗交界线），注意光影线是随物体的动态变化而变化的。

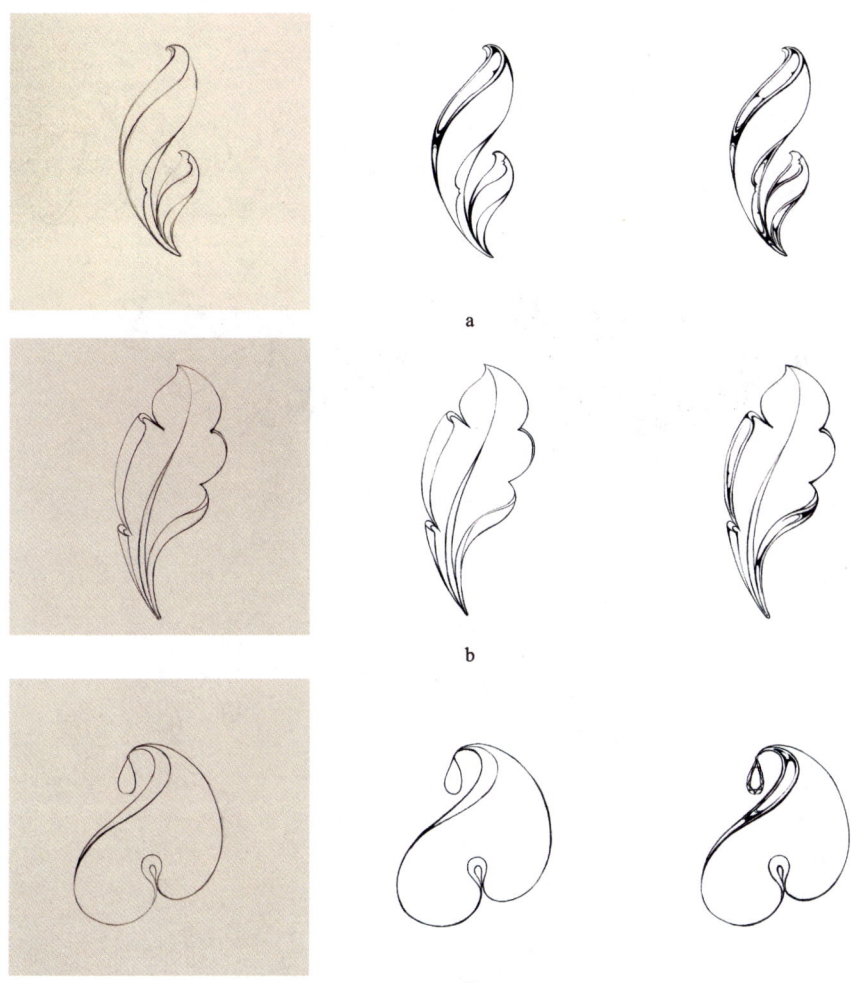

图 3-4 凸起弧面素金首饰的勾线案例

三、凹陷弧面素金首饰的勾线练习

凹陷弧面素金首饰的勾线方法如下（图 3-5、图 3-6）。
(1) 用铅笔绘制造型，注意透视结构。
(2) 用中性笔勾勒外形，注意线条的流畅性。
(3) 用中性笔绘制边缘线，线随物体的变化而慢慢加粗。
(4) 找到明暗交界线，用中性笔勾勒光影。
(5) 用中性笔勾勒过渡线，整体调整线条。

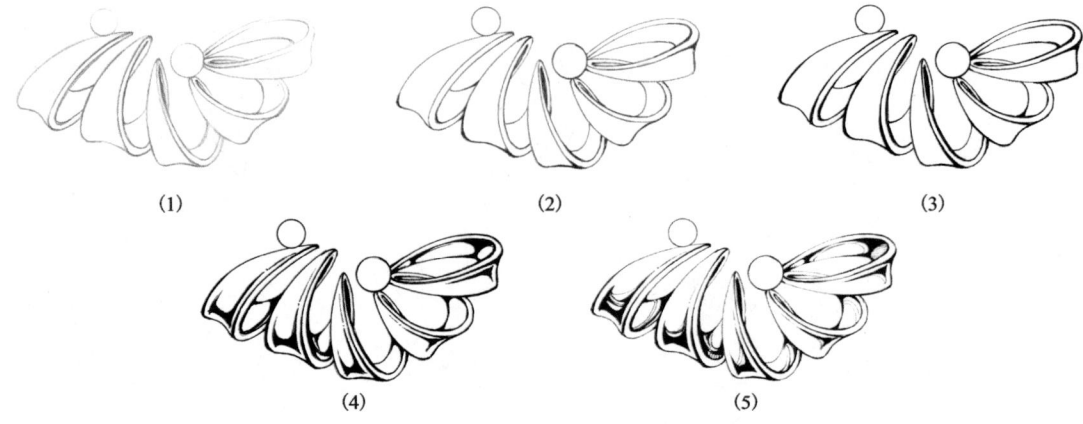

图 3-5 凹陷弧面素金首饰的勾线案例 1

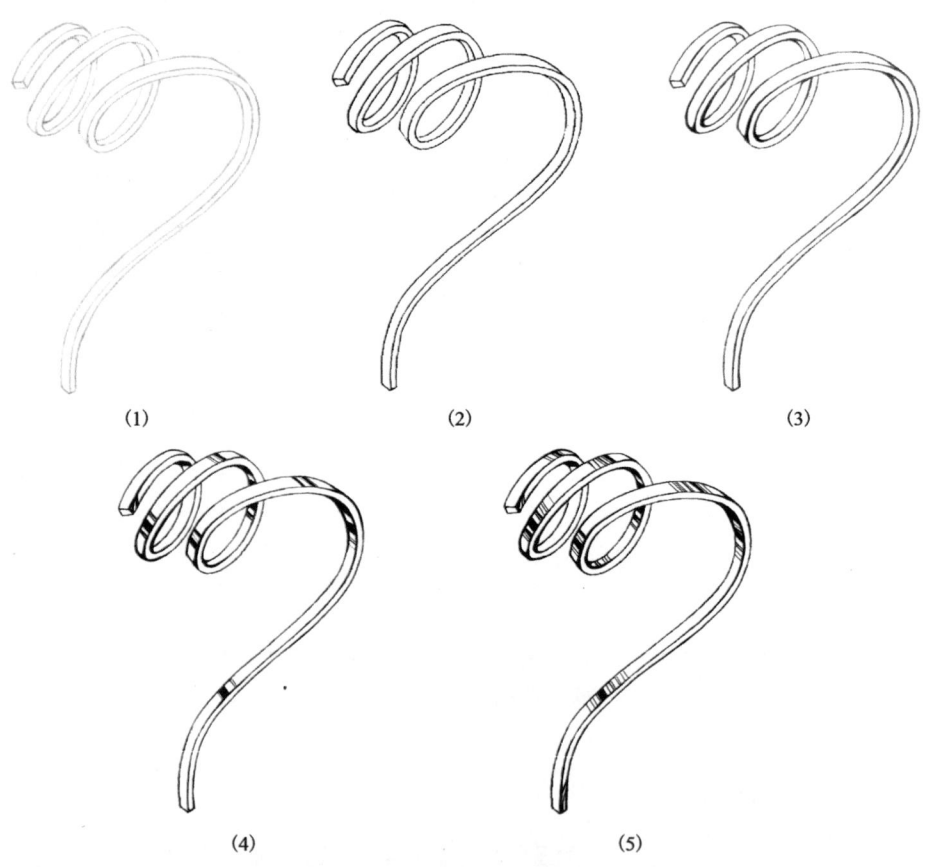

图 3-6 凹陷弧面素金首饰的勾线案例 2

第二节 镶嵌首饰的勾线练习

一、密钉镶首饰的勾线练习

密钉镶可以使首饰的整个表面光彩夺目,赋予首饰鲜活的生命力。

1. 平面密钉镶首饰的勾线练习

平面密钉镶首饰的勾线方法如下(图 3-7)。

(1) 勾勒外轮廓,分割密钉镶的排石区域。
(2) 根据排石方式绘制密钉镶宝石。
(3) 勾勒密钉镶的镶爪。
(4) 绘制密钉镶宝石的刻面。

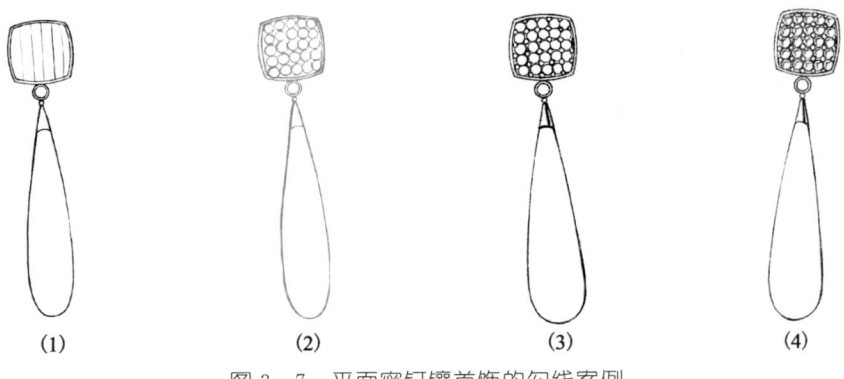

图 3-7 平面密钉镶首饰的勾线案例

2. 弧面密钉镶首饰的勾线练习

弧面密钉镶首饰的勾线方法如下(图 3-8)。

(1) 勾勒胸针造型,分割密钉镶排石区域。
(2) 勾勒密钉镶的宝石及镶爪。
(3) 绘制密钉镶宝石的刻面。

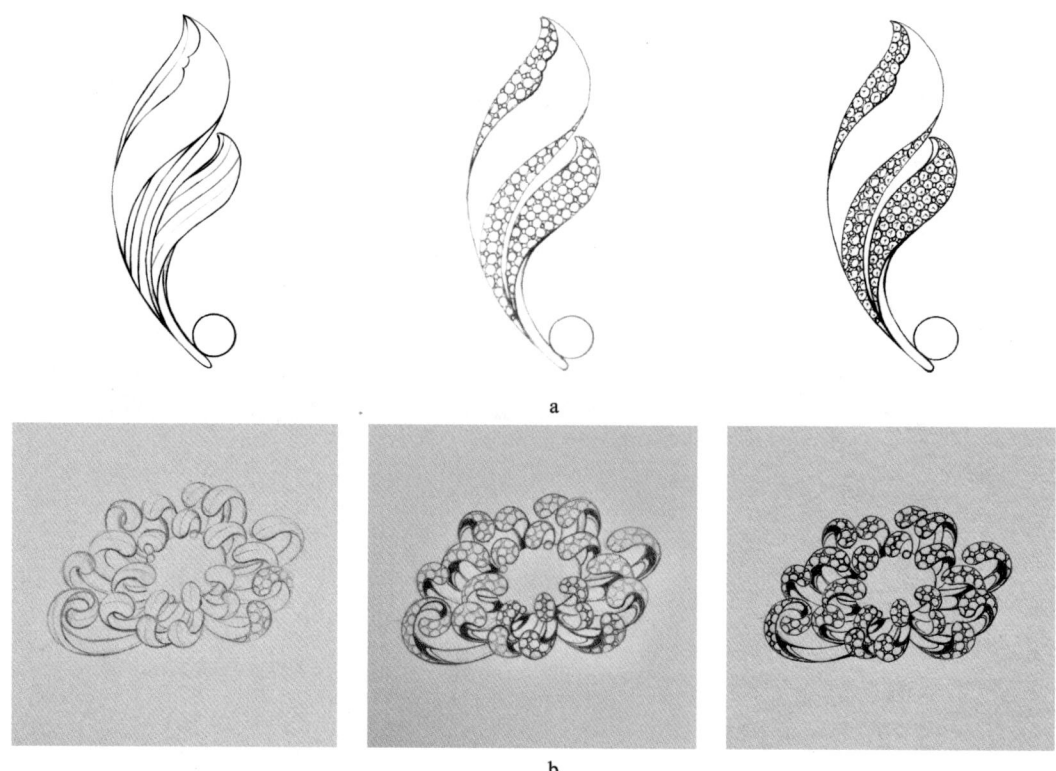

a

b

图 3-8 弧面密钉镶首饰的勾线案例

二、无边镶首饰的勾线练习

1. 简单无边镶首饰的勾线练习

简单无边镶首饰的勾线方法如下（图 3-9）。
（1）勾勒外轮廓，绘制无边镶宝石的一组刻面线。
（2）绘制第二组台面刻面线，注意透视关系。
（3）绘制上腰面的刻面线，梳理线条的变化关系。

图 3-9 简单无边镶首饰的勾线案例

2. 复杂无边镶首饰的勾线练习

复杂无边镶首饰的勾线方法如下（图3-10）。

（1）勾勒首饰外轮廓，并排列无边镶宝石。

（2）勾勒无边镶宝石台面的一组刻面线。

（3）勾勒无边镶宝石台面的另一组刻面线，注意宝石的透视结构。

（4）绘制无边镶宝石的上腰面的刻面线。

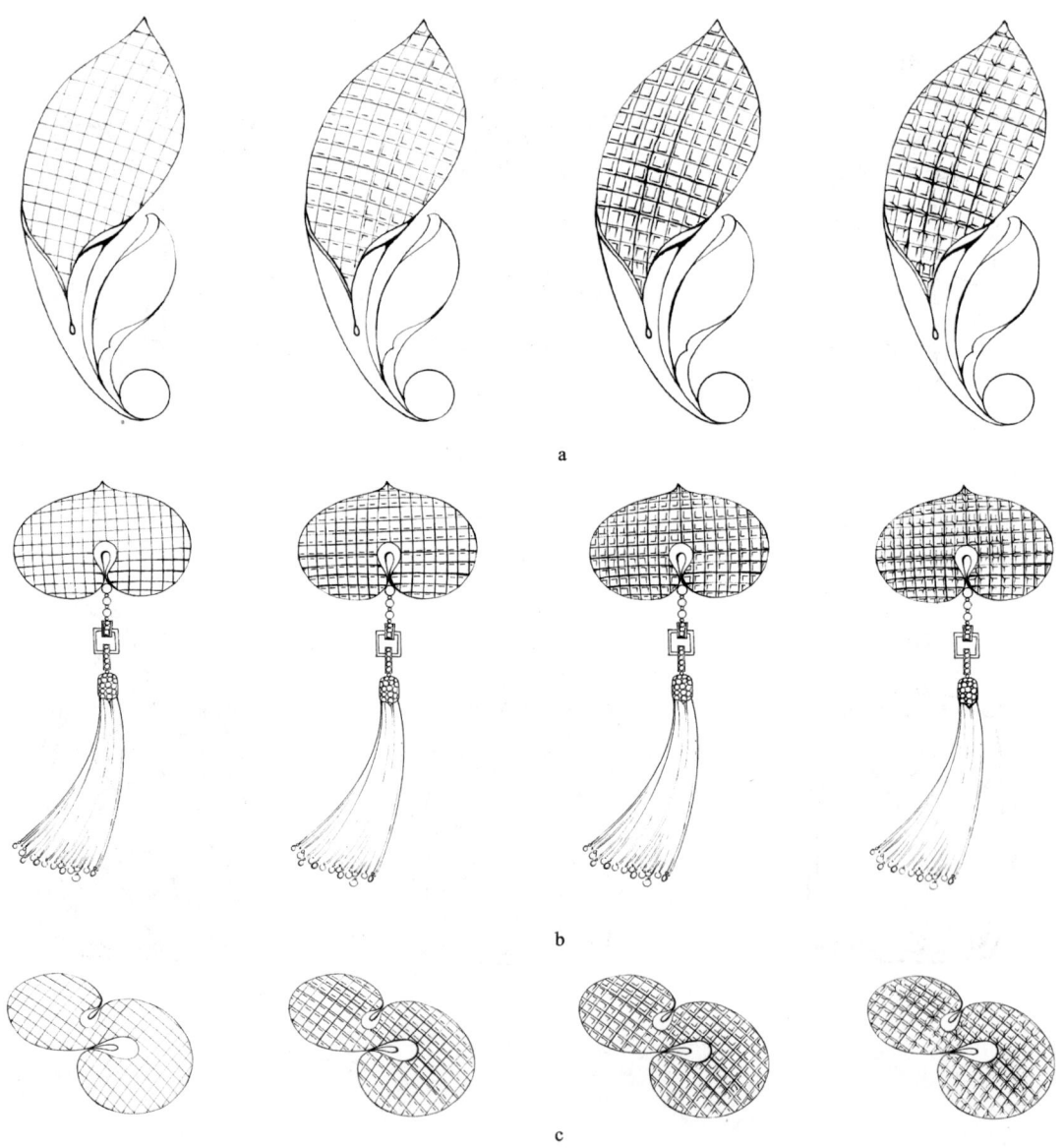

图3-10 复杂无边镶首饰的勾线案例

三、综合首饰的勾线练习

1. 案例一

勾线方法如下(图 3-11)。
(1) 用铅笔起稿,勾勒出不同大小、形状的宝石。
(2) 用铅笔绘制密钉镶宝石,注意宝石的密度及透视结构。
(3) 用 0.05mm 中性笔勾勒首饰造型的轮廓线,绘制大宝石的轮廓线。
(4) 用中性笔绘制密钉镶宝石的轮廓线、大宝石的刻面线,以及镶爪。
(5) 用中性笔绘制密钉镶宝石的刻面线,调整线条的粗细关系。

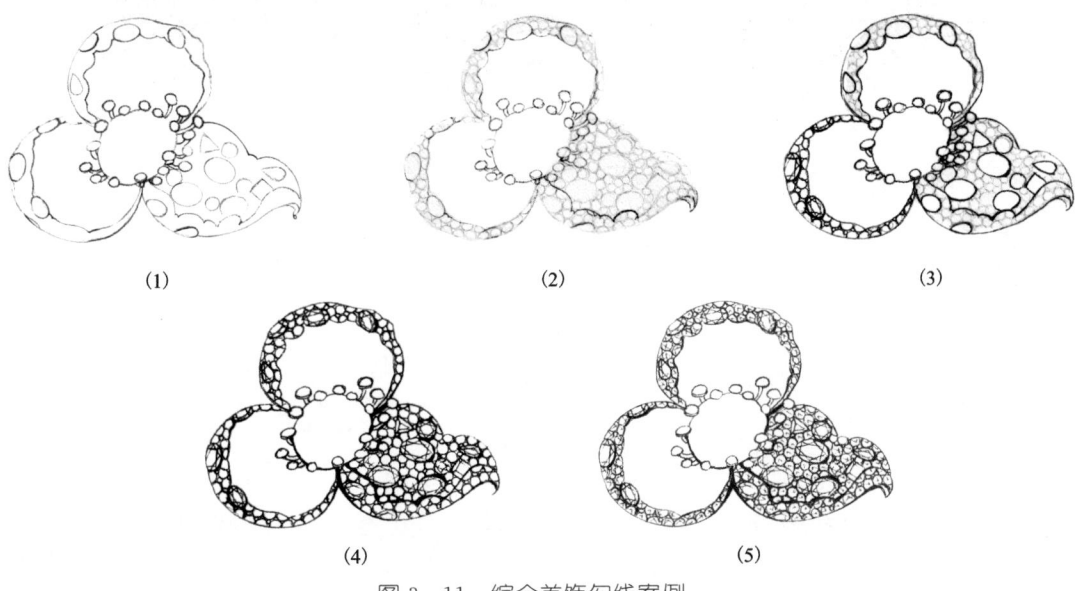

图 3-11 综合首饰勾线案例一

2. 案例二

勾线方法如下(图 3-12)。
(1) 用铅笔起稿,勾勒首饰的轮廓,注意线条的流畅性和粗细变化。
(2) 用铅笔勾勒出不同大小、形状的宝石,注意宝石的疏密排列。
(3) 用铅笔勾勒不同大小、形状宝石的轮廓,排列密钉镶宝石。
(4) 用 0.05mm 中性笔勾勒首饰造型和密钉镶宝石的轮廓线,以及镶爪。
(5) 用中性笔绘制大宝石的刻面线。
(6) 用中性笔绘制密钉镶宝石的刻面线,并完善大宝石的刻面线。

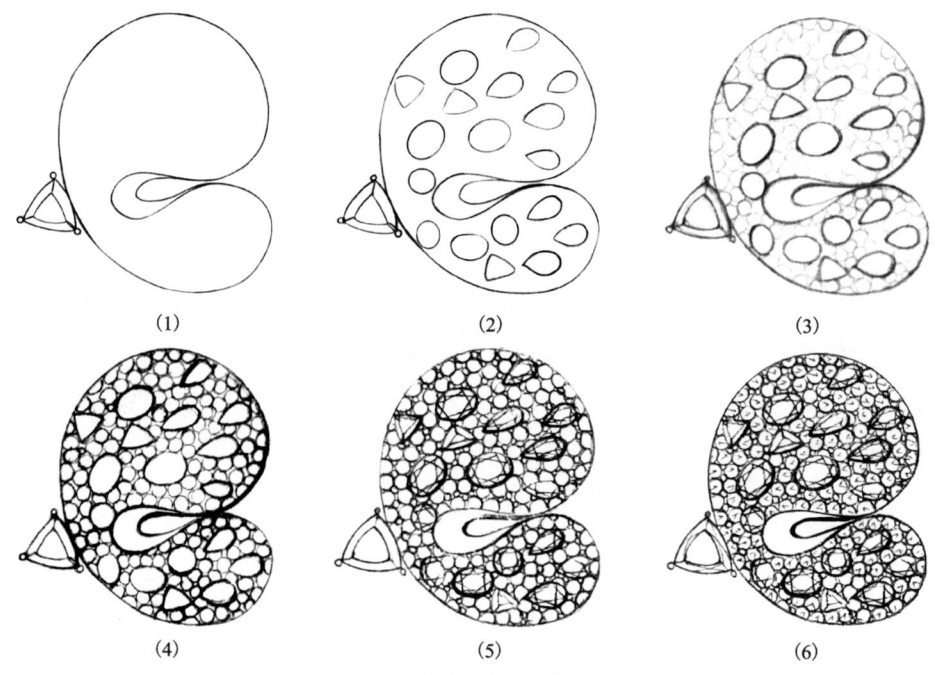

(1) (2) (3)

(4) (5) (6)

图 3-12 综合首饰勾线案例二

 课后作业

（1）素金首饰结构的勾线练习：平面结构勾线 1 款、凸起弧面结构勾线 1 款、凹陷弧面结构勾线 1 款。

（2）镶嵌首饰的勾线练习：密钉镶勾线 1 款、无边镶勾线 1 款、综合训练勾线 1 款。

素金首饰勾线作品占课程作业评分的 60%，镶嵌首饰勾线作品占课程作业评分的 40%。要求：①体现首饰的透视关系；②结构表现准确；③大小比例适中；④勾线表现准确（力度、光影和质感）。

第四章 金属的画法

知识点

（1）金属结构的画法：主要包括平面结构金属的画法、凸起弧面结构金属的画法、凹陷弧面结构金属的画法。要掌握金属结构的动势及光源的方向，学习反光部位的绘画技巧，了解基本的金属结构对后续设计及上色的影响。

（2）金属上色方法：主要包括黄金、铂金、18K白金、18K玫瑰金的上色方法和色彩调制方法。这些颜色是金属首饰的常规颜色。

（3）金属肌理的画法：主要学习车丝肌理和喷砂肌理的画法。肌理效果可以丰富首饰设计的艺术表现力。

学习重点

（1）学习平面结构金属、凸起弧面结构金属和凹陷弧面结构金属的绘画步骤及色彩应用，熟练掌握首饰结构变化处的光影变化，从而找到色彩的基本定位。

（2）重视金属肌理画法及实际应用，学会在不同首饰设计的造型中添加肌理表现，丰富首饰的层次。

学习目标

通过学习金属结构、质感、不同的颜色和肌理的基本画法，能灵活多变地绘画金属首饰。培养对金属结构上色的应变能力，在今后的首饰创作中能独立表现基本的金属质感。

教学方法

在教学过程中，强调金属物理性质、金属制作工艺、金属肌理表现的讲授和实际绘画操作相结合。在金属绘画中，主要表现首饰的造型。以金属上色为主体，以金属肌理绘画为辅，在首饰艺术创作中加强金属质感和艺术层次的视觉表达效果。

第一节　金属的表现

首饰中金属的特点如图4-1所示，根据结构主要分为平面结构、凸起弧面结构和凹陷弧面结构。在上色过程中，首饰的光影主要随着首饰结构的变化而变化。

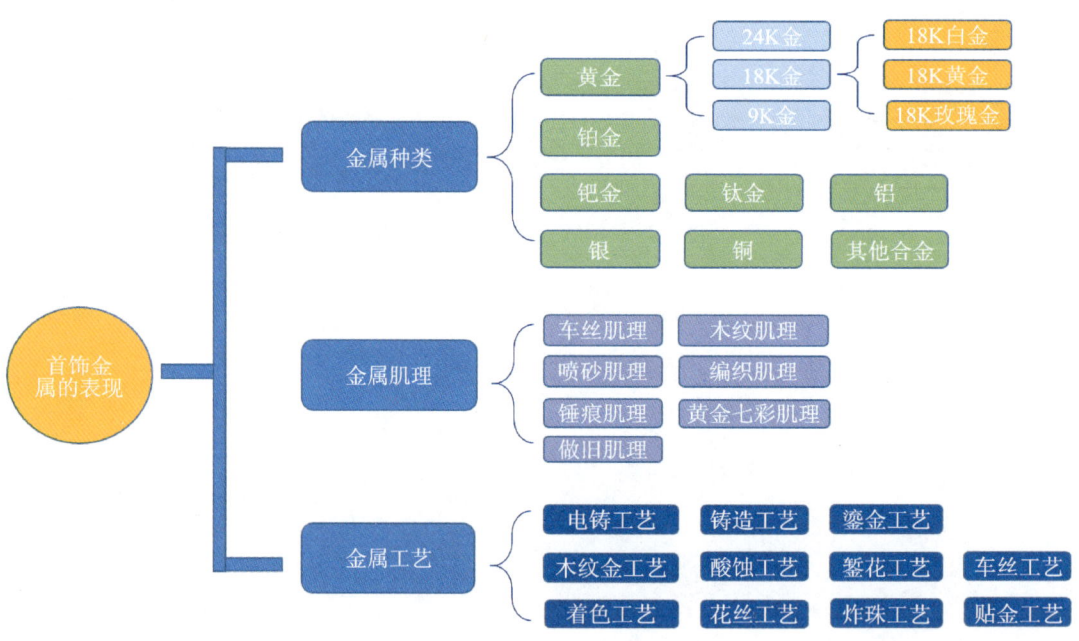

图4-1　首饰金属的表现

一、平面金属的画法(图4-2)

(1) 绘制金属结构及光影。平面金属的光影结构为直面或斜面。
(2) 绘制本身色,留出高光位置。
(3) 绘制过渡色,提亮高光,修整反光位置。

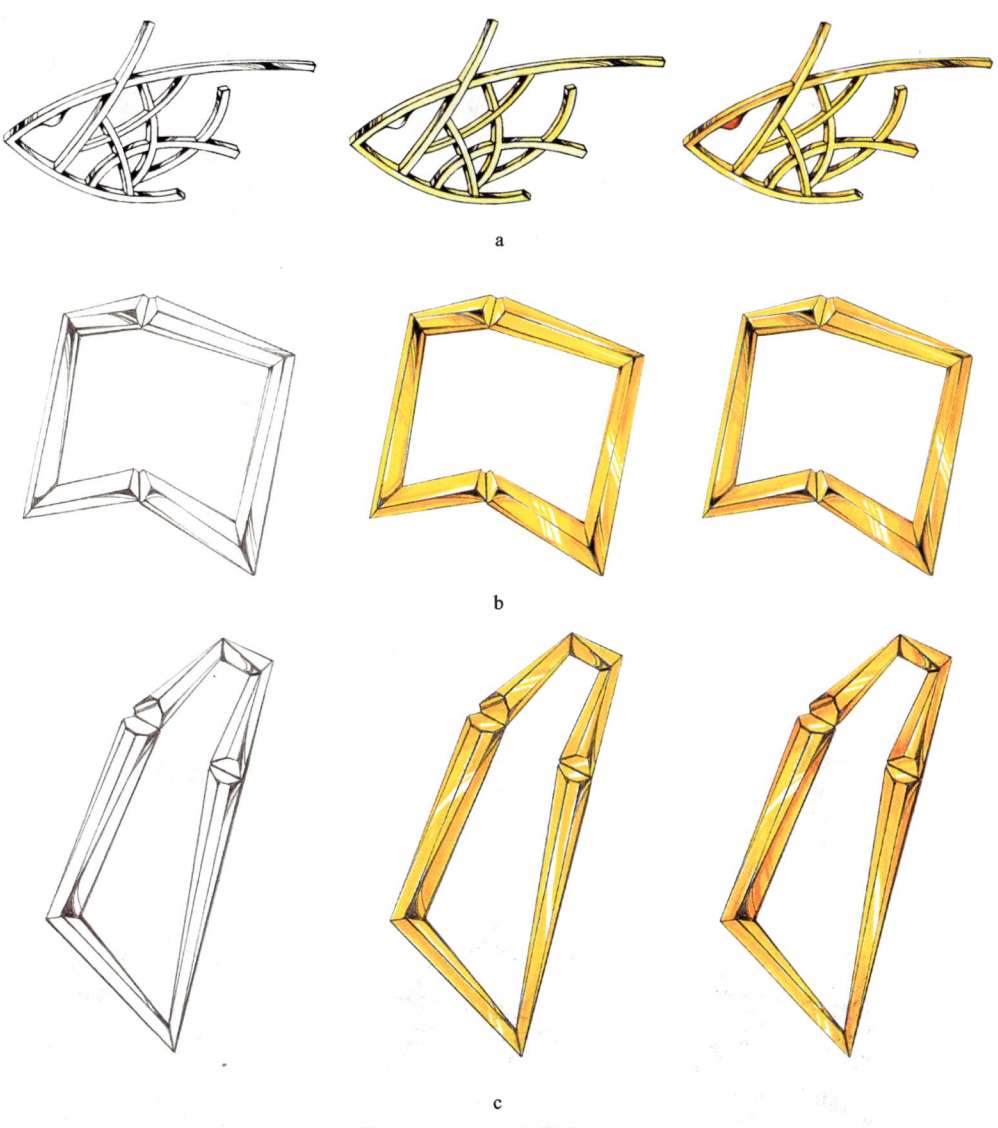

图4-2 平面金属的画法

二、凸起弧面金属的画法(图 4-3)

(1)绘制金属结构及光影。凸起弧面金属的光影随物体曲面的变动而变化。
(2)绘制本身色,留出高光位置。
(3)绘制过渡色,提亮高光,修整反光位置。

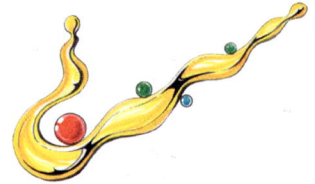

图 4-3 凸起弧面金属的画法

三、凹陷弧面金属的画法(图 4-4)

(1)绘制金属结构及光影。
(2)绘制凹面以外的金属的本身色,留出高光位置。
(3)绘制凹面处的颜色:先绘制本身色,再根据凹面的结构绘制过渡色,最后提亮高光,修整反光位置。最后给首饰的其他部位上色。

图 4-4 凹陷弧面金属的画法

第二节　不同颜色金属的画法

一、黄金的画法

黄金的色彩搭配如下。
高光色：白色或者白色＋柠檬黄色（图4-5a、b）。
本身色：淡黄色＋中黄色（图4-5c）。
明暗交界线：黑色（光影）。
过渡色：赭石色＋中黄色（图4-5d）。

图4-5　黄金效果色板

黄金首饰的绘画步骤如下（图4-6）。
（1）绘制金属结构及光影。
（2）上本身色，留出高光位置。
（3）上过渡色，提亮高光，修整反光位置。

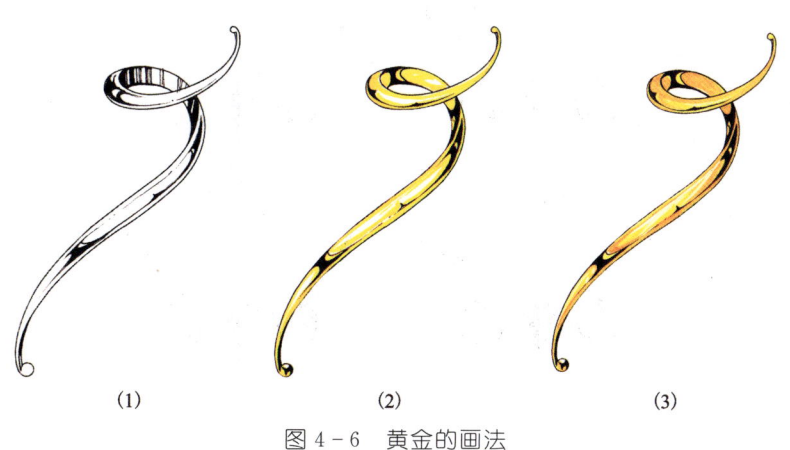

图4-6　黄金的画法

小结

(1) 金属光影的表现要到位，不宜过多，过多会显得很乱。

(2) 过渡色的面积一定不能过大，否则颜色会看上去很闷，金属失去光泽感。

(3) 黄金颜色调制比例要和谐。

(4) 高光最好用白色加一点柠檬黄色，这样的高光与金属融合得比较好。

二、铂金、18K 白金的画法

铂金、18K 白金的色彩搭配如下。

高光色：白色或者白色＋灰色（图 4－7a、b）。

本身色：浅灰色（图 4－7c）。

明暗交界线：黑色。

过渡色：灰色＋蓝色（一点点）。

图 4－7　铂金、18K 白金效果色板

铂金、18K 白金首饰的绘画步骤如下（图 4－8）。

(1) 绘制金属结构及光影。

(2) 上本身色：着色时注意颜色不要太深，太深会导致金属没有光泽感。

(3) 上过渡色：沿着光影的位置进行绘制，过渡色不可太多。

(4) 提亮高光，整体修整。

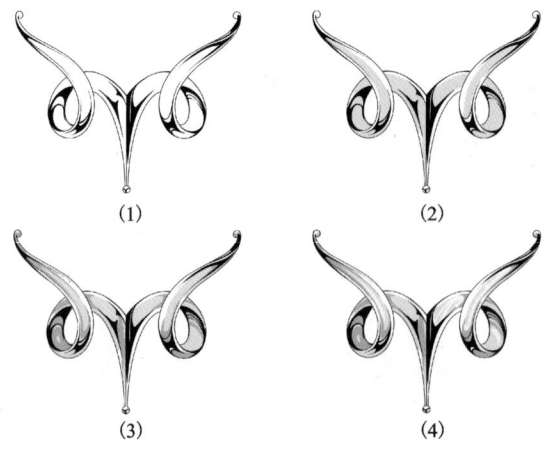

图 4－8　铂金、18K 白金的画法

小结

(1) 铂金、18K 白金都可以用此方法进行绘制。

(2) 过渡色最好用灰色加一点蓝色,此颜色与浅灰色对比强烈,能更好地展现冷色调的金属感。

(3) 画铂金时,高光面积要大,这样才能表现铂金的质感。

三、玫瑰金的画法

玫瑰金的色彩搭配如下。

高光色:白色或者白色+赭石色+淡黄色(图 4-9a、b)。

本身色:赭石色+白色+中黄色(一点点)(图 4-9c)。

明暗交界线:黑色。

过渡色:赭石色+玫瑰红色(一点点)(图 4-9d)。

玫瑰金效果色板见图 4-9。

图 4-9 玫瑰金效果色板

玫瑰金的绘画步骤如下(图 4-10)。

(1) 绘制金属结构及光影。

(2) 上本身色:着色时注意颜色不要太深,太深容易导致金属没有光泽感。

(3) 上过渡色:沿着光影的位置进行绘制,过渡色不应太多。

(4) 直接用高光色提亮高光,整体修整。

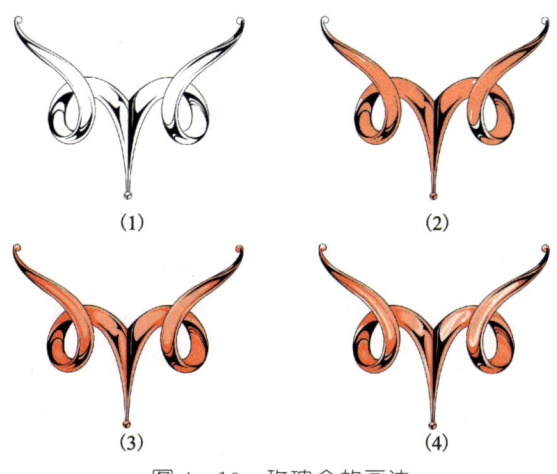

图 4-10 玫瑰金的画法

小结

（1）玫瑰金主要成分为纯金＋铜＋银/锌，黄金（75%）、铜（22.25%）和银（2.75%）混合之后就可以得到玫瑰金。三者之间不同的比例可以调出不同的色彩。

（2）过渡色最好用赭石色加玫瑰红色，这样画出的玫瑰金颜色更真实。

（3）高光面积要大，这样才会表现出玫瑰金的质感。

第三节　金属肌理的画法

一、车丝肌理

1. 案例一（图4-11）

（1）勾勒胸针造型：注意线条的节奏感，以及透视关系、结构和厚度的把握。

（2）上本身色：黄金的本身色一般用淡黄色＋中黄色。

（3）绘制车丝肌理的过渡色：采用赭石色＋中黄色。

（4）适当加深局部的过渡色，注意透视关系。

（5）运用白色＋柠檬黄色（比例10∶1）绘制车丝肌理的高光效果。

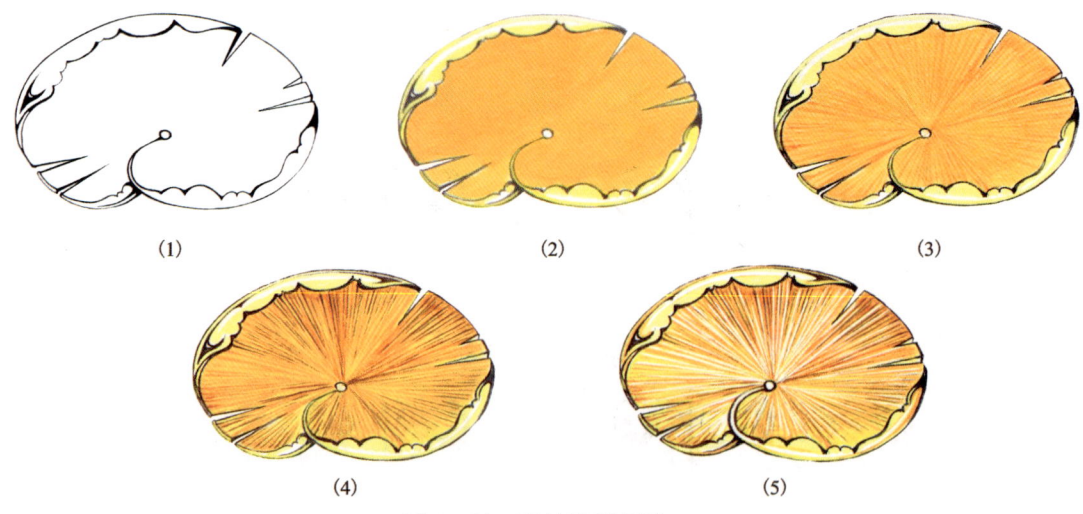

图4-11　车丝肌理案例一

2. 案例二（图 4-12）

（1）勾勒胸针造型：注意线条的节奏感，以及透视关系、结构和厚度的把握。

（2）勾勒密钉镶宝石，绘制黄金的本身色。

（3）采用赭石色＋中黄色上车丝肌理的过渡色，并整体绘制群镶的红色宝石。

（4）进一步上车丝肌理的过渡色，注意疏密关系，并提亮红色宝石。

（5）运用白色＋柠檬黄色（比例10∶1）绘制车丝肌理的高光效果。提亮高光时，线条要细致有力。最后绘制群镶红色宝石的刻面，并提亮镶爪。

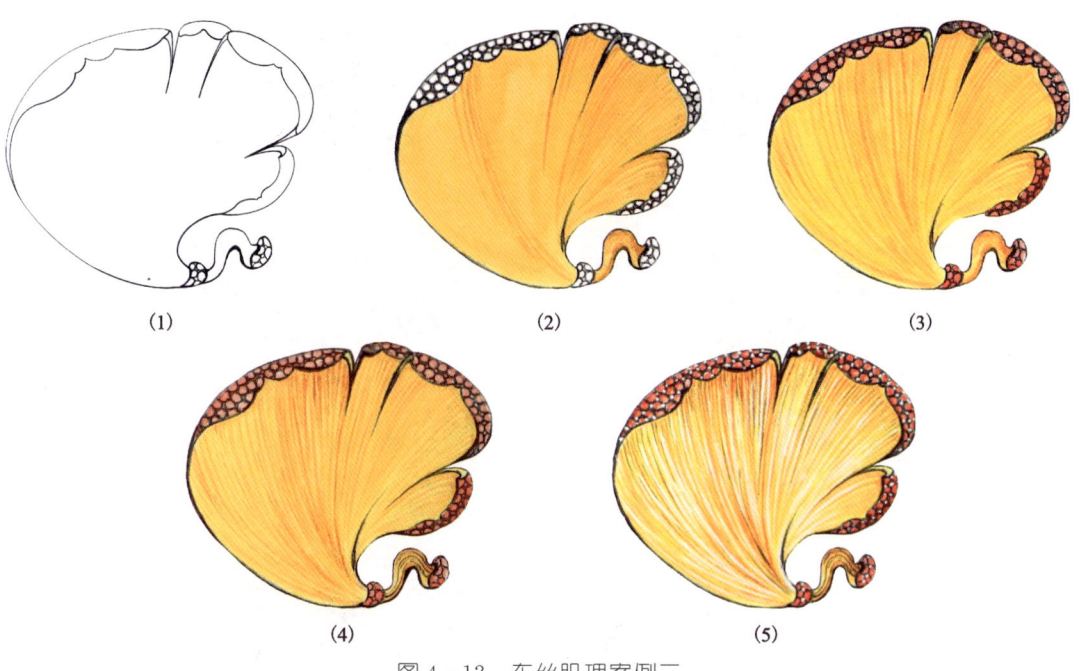

图 4-12 车丝肌理案例二

二、喷砂肌理

金属喷砂肌理的画法如下（图 4-13、图 4-14）。

（1）勾勒首饰造型：注意形体的变化，准确把握透视关系、结构和厚度。

（2）给宝石上色，并给金属上本身色。

（3）绘制喷砂肌理：用过渡色根据金属结构特点点缀疏密程度不同的肌理。

（4）最后运用白色或白色＋柠檬黄色点缀喷砂的高光。

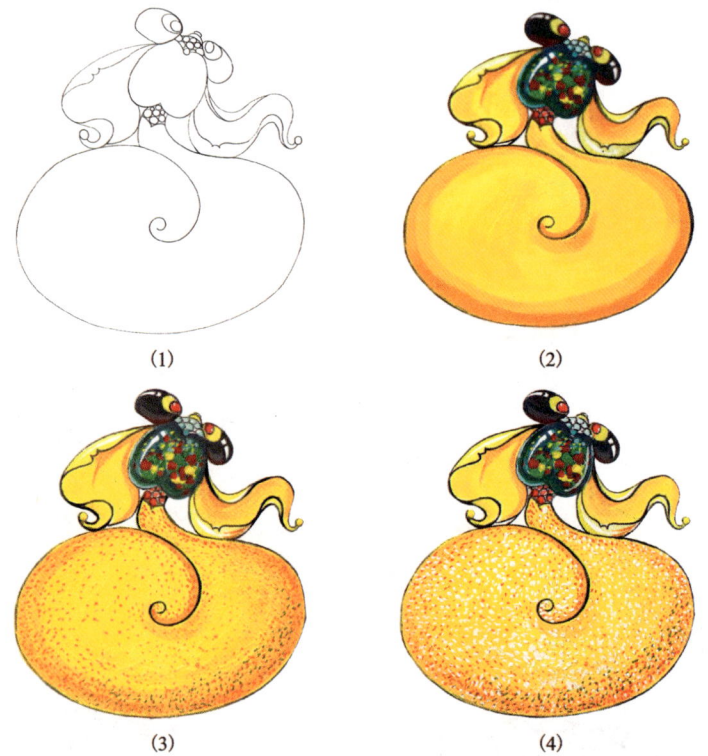

图4-13 喷砂肌理案例一

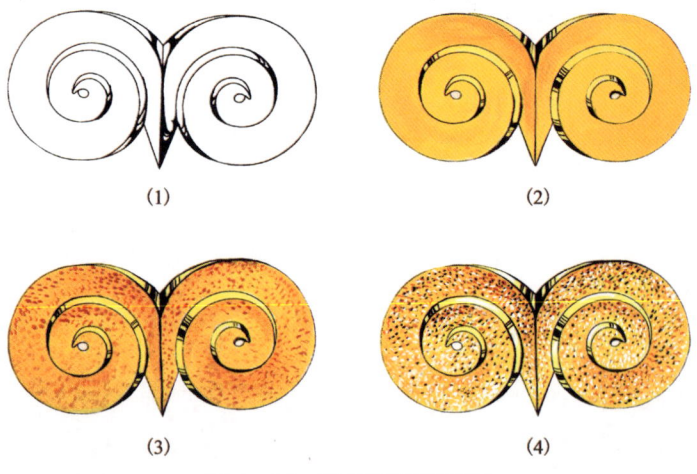

图4-14 喷砂肌理案例二

第四节 作品展示

图 4-15～图 4-19 为不同的金属首饰作品。

图 4-15 《舞动》(邝志坚作品)

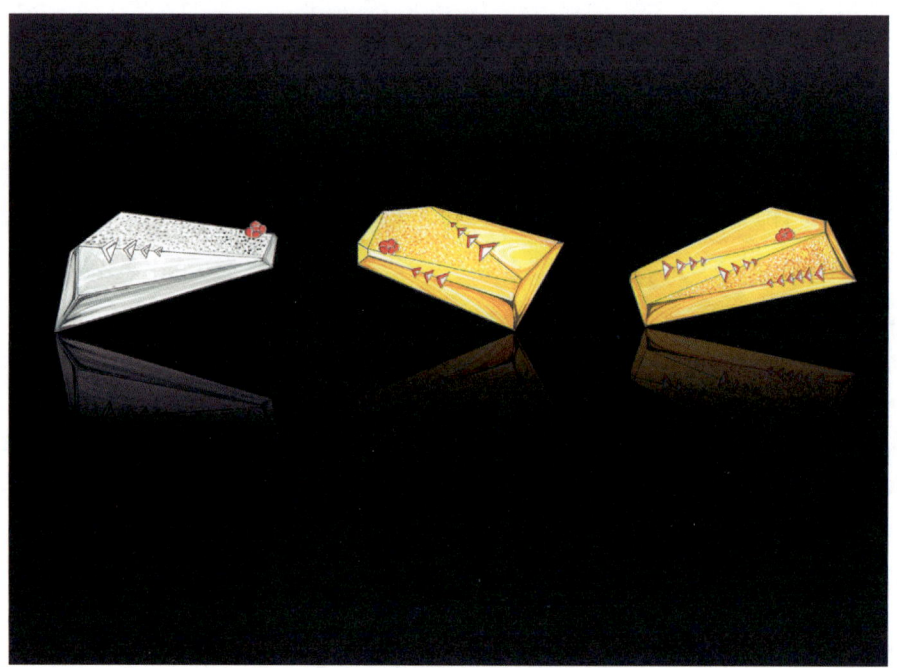

图4-16 《冰块空间》（王海涛作品）

图4-17 《肌理表现》（陈天昊作品）

图 4-18 《小金鱼》(金瑛作品)

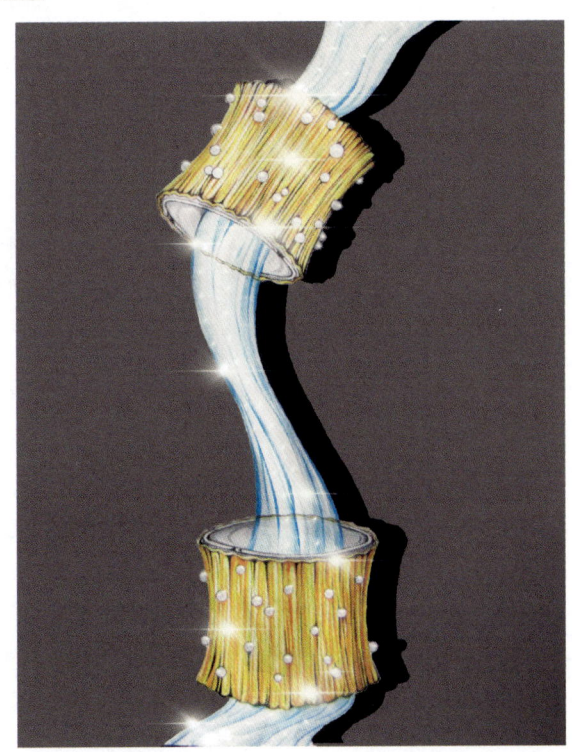

图 4-19 《绚丽多彩》(王海涛作品)

课后作业

(1) 金属颜色的画法练习：黄金首饰上色 1 款、铂金首饰上色 1 款、玫瑰金首饰上色 1 款（图 4-20）。

(2) 金属肌理的画法练习：车丝肌理 2 款、喷砂肌理 1 款（图 4-20）。

金属颜色作品占课程作业评分的 60%，金属肌理作品占课程作业评分的 40%。要求：①首饰的金属结构表现准确；②首饰的透视关系表达到位；③首饰金属质感表达准确。

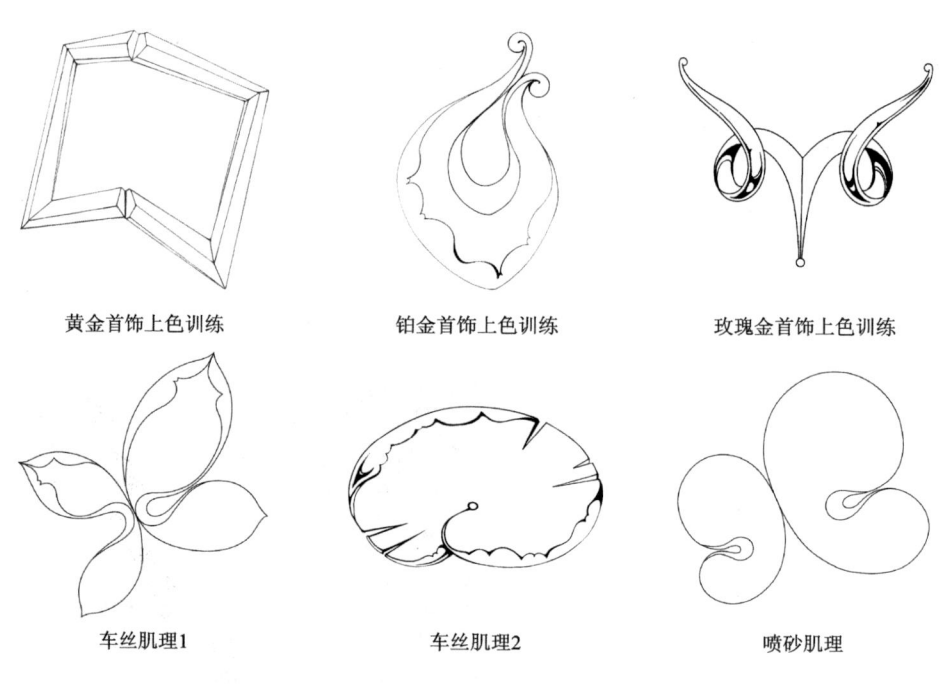

图 4-20　课后作业

第五章 首饰的形制及结构

知识点
（1）不同形制首饰的文化内涵和造型表现形式。
（2）不同形制首饰的结构形式和佩戴功能。

学习重点
（1）对不同形制的首饰进行临摹，了解发饰、项饰、耳饰、胸针、腕饰、戒指的基本结构功能和透视关系。
（2）绘画戒指的立体透视图，学习戒指造型的创新设计、材料应用等。

学习目标
通过学习首饰形制的基本表现形式和透视绘画，加强对首饰结构的了解和实际应用能力。在不同形制首饰的设计中，应多注意其结构功能、造型层次、搭配形式、工艺制作等要求，设计出具有实用性的首饰产品。

教学方法
在教学过程中，强调理论和实际操作相结合，通过展示不同首饰和佩戴效果，帮助学生掌握首饰的结构及画法。

  首饰，作为佩戴在人体外露部分的精美装饰品，常传递着人们的思想和情感。它们融合了美感、情感、个性、价值及时代特征，为佩戴者的生活增添了几分情感色彩与诗意韵味。首饰的设计，是一个集材料选择、工艺制作、造型设计、肌理处理、色彩搭配及功能实现于一体的综合性艺术过程。

  在造型表现上，首饰是多元素的，立体的，具有节奏感、韵律感的，同时可与人们进行情感互动。这种立体化的设计思维要求首饰设计师必须灵活掌握并运用各种设计元素，包括材料、工艺、造型、色彩、肌理、功能等。设计首饰时要学会运用构成法则，并结合不同元素完美表达首饰的视觉效果。同时，设计师还需要注重佩戴的合理性，确保首饰在佩戴时既舒适又美观。

  根据形状和佩戴部位的不同，首饰分为发饰、项饰、耳饰、胸饰、腕饰及戒指等。在本章，我们主要学习首饰的佩戴文化和结构知识，旨在能够合理地设计出既符合审美标准又能满足佩戴者需求的首饰作品，而不是完成一幅画作或构成图稿。

第一节　发　饰

  发饰是指佩戴在头部用于装饰和固定头发的物品。发饰的用途和造型繁多，使用的材质也丰富多样。如今发饰已经成为女性造型设计中不可或缺的时尚单品。发饰主要有发冠、发簪、发钗、扁方、步摇、发箍、发夹等，可以满足不同女性对于美的追求和表达。

  发饰中又以发簪最为流行，它从唐宋时期盛行至今。唐代敦煌壁画中众多女性就以插满花簪的形象出现，展现了当时女性对于发饰的热爱与追求。一般说来，功能性、时尚性、纪念性是产品必须要具备的3个基本要素，其中时尚性与形状、材质等有关。唐代盛行的唐三彩元素，以黄、白、绿三色为主，也可为多种彩色，还有二彩、单彩。各种颜色相互混合，高温烧制后，浓淡相间、斑驳的色彩搭配出自然协调的花纹。这些都可以为现代唐风作品的用色提供参考与借鉴。唐风首饰产品也可结合唐朝的联珠纹、宝相花纹、牡丹纹、团花纹、瑞锦纹、卷草纹、穿枝花纹、缠枝纹、瑞锦纹、几何纹、狩猎纹和鸟衔花草纹等丰富的图案。此外，发簪配佩方式也有很多种，有斜插、竖插、横插，所插的数量也可不同，根据需要可插一支、两支，也可插多支。

  对于发簪，具体的设计手法有直接模仿、几何抽象、置换构成、意向转换、解构与重构。图 5-1 中，设计师对桃心的形状进行重构设计，运用重复排列的形式重构出花朵的形状，设计出发箍和发簪。

图 5-1 《花海》（王海涛作品）

第二节 项 饰

项饰，这一佩戴于人体颈部装饰品，不仅装饰着脖颈和前胸，更是首饰中极具视觉展示性的佩件。项饰有立体、规范、密实、疏松和随意等各种形态。密实的项饰紧凑，展现出独立、严谨的气质和贵族感，有强有力的承托感；疏松的项饰具有动感和流畅感，可展示自由的个性。昂贵的项饰通常出现在华丽的社交场合，彰显佩戴者的高贵和优雅。不同质地、不同形态、不同色彩的项饰不仅能表现佩戴者的个性，还能展现他们的品位和精神面貌。

一、项　链

项链是挂在颈部的链条状装饰品。项链的造型骨架主要有 S 型、X 交叉型、O型、倒 U 型、V 型等（图 5-2～图 5-6）。不同的结构还具有很多不同的表现形式，如 O 型项链包括闭合造型、拉长造型、开合造型、项链与吊坠结合等形态（图 5-7）。

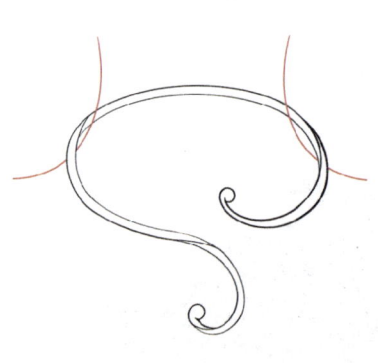

图 5-2　S 型项链（梁宽作品）

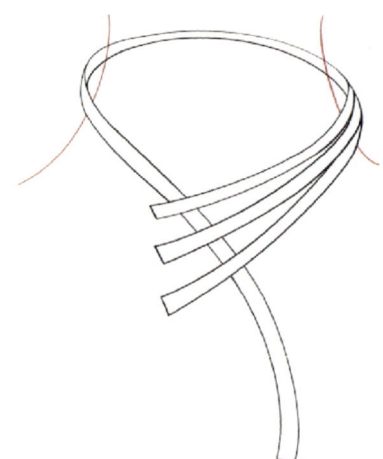
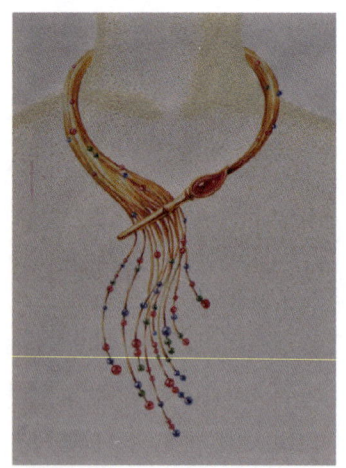

图 5-3　X 交叉型项链（黄敏妍作品）

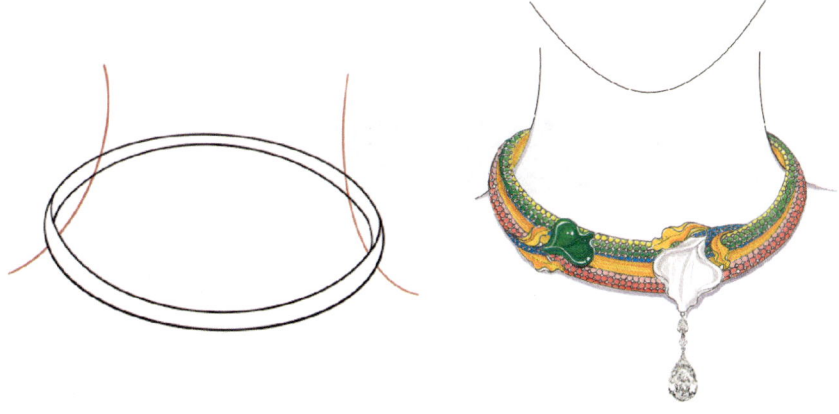

图 5-4 O 型项链（王海涛作品）

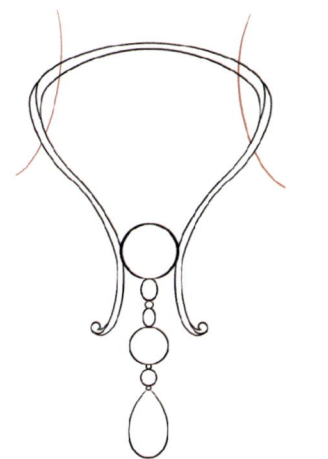 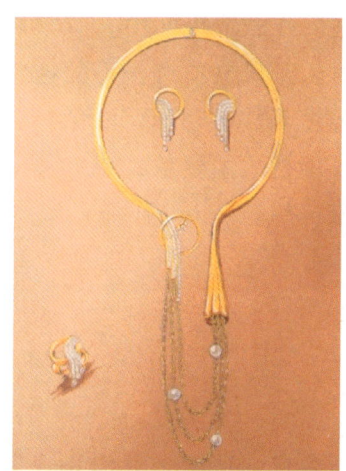

图 5-5 倒 U 型项链（杨思琪作品）

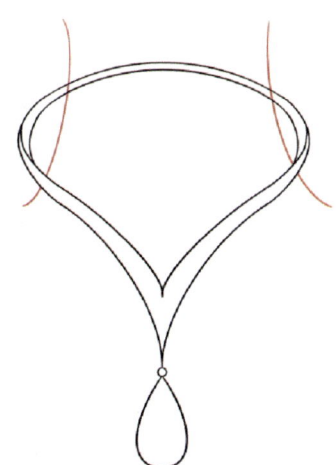 

图 5-6 V 型项链（李欢作品）

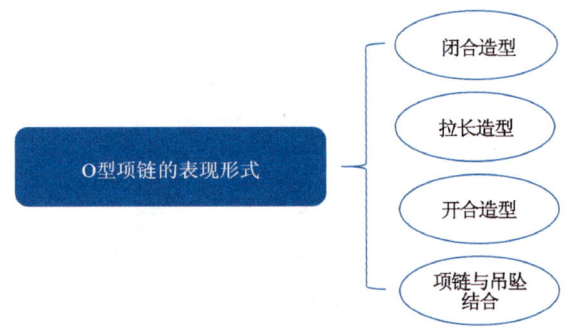

图 5-7　O 型项链的表现形式

项链尺寸由脖子粗细或者装饰形式而定。对于脖子粗的人来说，尺寸要大些，反之则小些。在服饰搭配中，衣领高时，项链不要太长，否则挂件不易露出；穿一字领衣服时，可只戴项链，不配挂件；穿三翻领或高领毛衫时，项链要戴在衣服外面，挂件要没有棱角毛刺，以免与衣物相互摩擦造成损坏。

此外，项链的主要款式也多种多样，有单套链、双套链、串绳链、牛仔链、方丝链、马鞭链等。

二、项　圈

在中国古代，项圈一般作为儿童的护身符，用以辟邪保平安，还可显示佩戴者的身份与地位。现今，在云南、四川、广西等地的少数民族中，佩戴项圈的习俗依然存在。项圈是人们佩挂在颈间的一种圆形装饰物，于明清时期尤为流行，主要使用金、银、铜等材料。项圈并非简单的装饰物，它寄托着长辈对孩子的浓浓爱意，被视为驱邪祛病的象征物。然而随着时间的推移，项圈承载的这些寓意已经慢慢消失，装饰作用逐渐加强。在当下的项圈设计中，时尚元素性占据了主导地位。这些项圈多用贵金属制作而成，主要有封闭型和开口型两种，一般与坠饰搭配佩戴，坠饰造型多为长命锁。坠饰上面多錾刻着精美的吉祥图案和寓意美好的文字，既优美大方，又充分展现了民间手工工艺品的独特韵味与特点。吉祥图案如麒麟、荷花、十二生肖、蝙蝠、双鱼、莲花、寿桃等；錾刻文字如"长命富贵""金玉满堂""五子登科"等。

三、作品赏析(图5-8~图5-11)

图5-8 《桃心如意》(王海涛作品)

图5-9 《绽放》(王海涛作品)

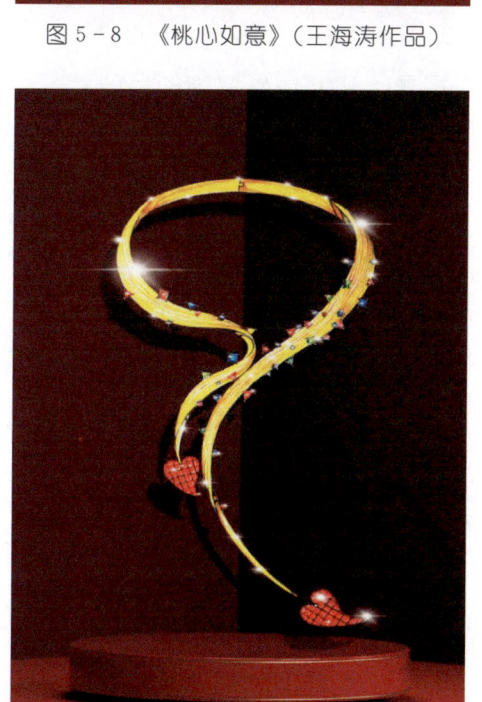

图5-10 《美丽的滑道》(金瑛作品)

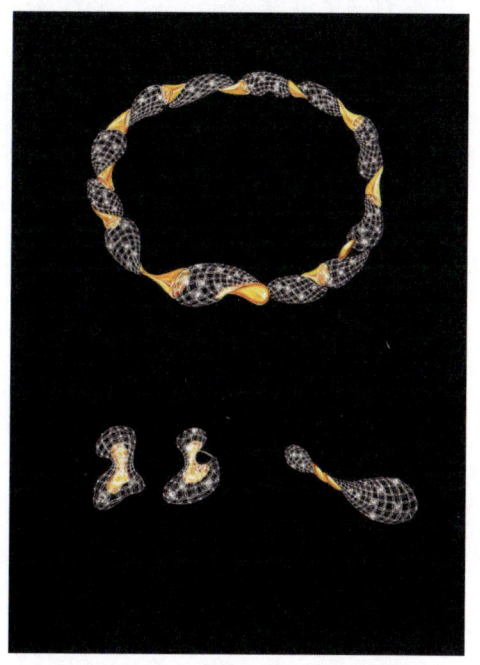

图5-11 《茧爱》(劳佳昳作品)

第三节 耳 饰

一、耳饰的类型

耳饰主要有耳钉、耳环、耳坠（图5-12）、耳线（图5-13）、耳夹等，它们的区别主要在于结构和功能。

耳钉背部形状如钉状，一般需要穿过耳洞才能佩戴（图5-14）。耳钉造型五花八门，但具有一些相同的特点：耳钉造型一般在耳垂前，而耳垂后则是耳背（又称为耳堵）。耳钉中的耳针通常可用金、银、塑料、合金等材料。

耳环与耳钉类似，但通常装饰部分更大，材质也更多样化。

耳坠通常具有较长的链条或吊坠部分，可以悬挂在耳垂下方。

耳线是一种较为简约的耳饰类型，通常是一条细长的链条或线，可以穿过耳洞并沿着耳廓延伸。

耳夹则是一种无需穿耳洞就可以佩戴的耳饰类型。耳夹根据结构功能的不同可以分为C型耳夹、螺旋耳夹、U型耳夹和三角耳夹（图5-15）。

C型耳夹：主要应用"C"形结构来夹住耳垂，从而达到装饰的目的。

螺旋耳夹：通过拧紧螺丝的方法夹住耳垂。

U型耳夹：应用"U"形结构来达到夹住耳垂的目的，这种设计对材料有一定的要求。

三角耳夹：适合于厚耳垂的人佩戴，通过夹住耳垂以达到佩戴的目的。

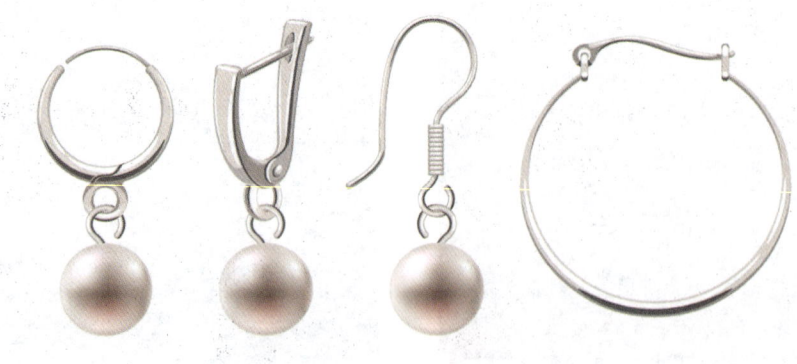

图5-12　耳坠中不同形状的耳钩

第五章 首饰的形制及结构

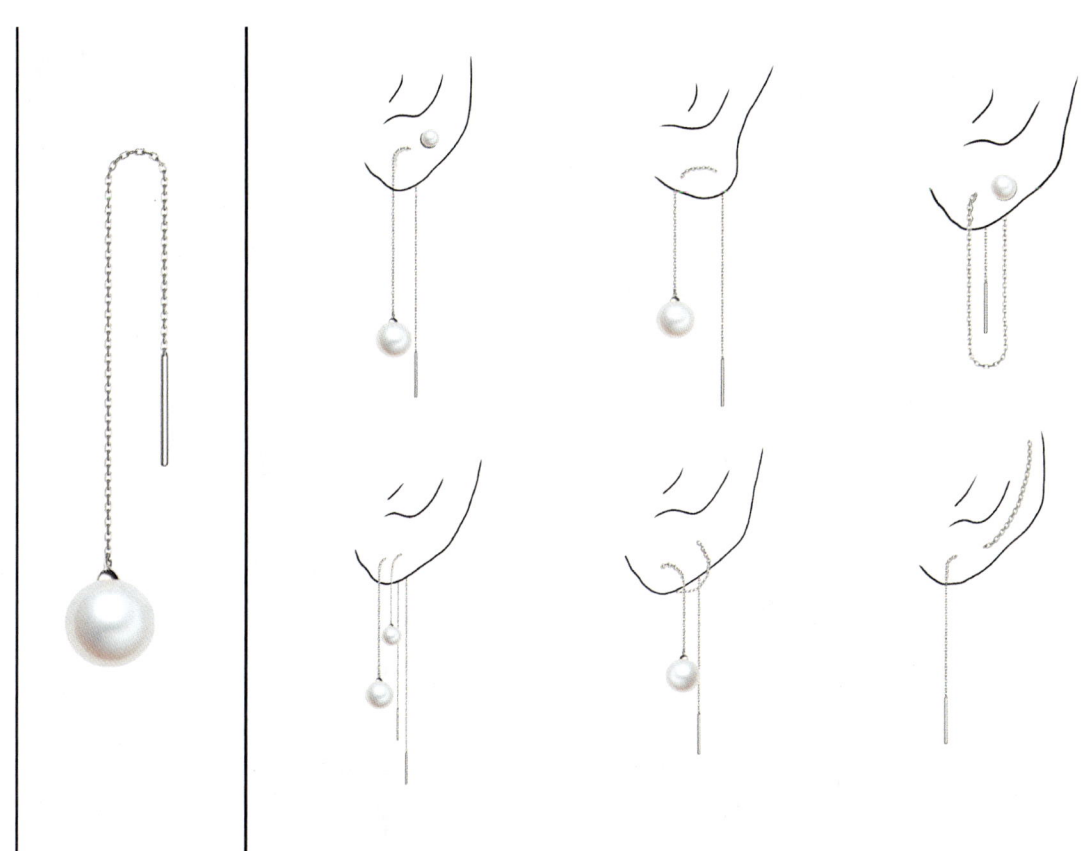

图 5-13 耳线的结构及佩戴图

97

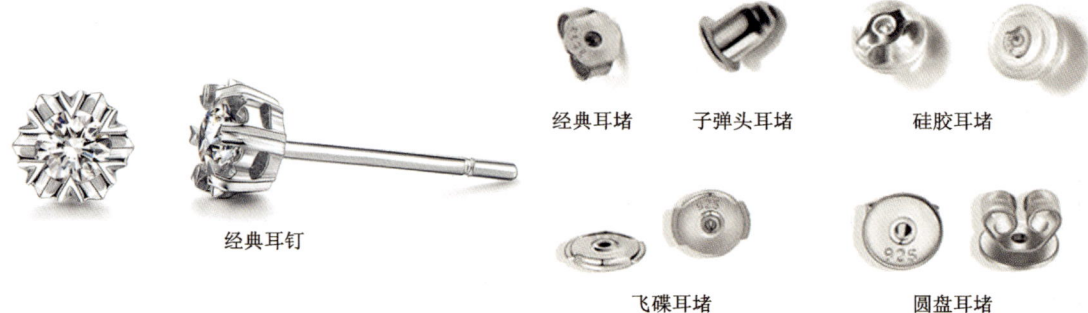

图 5-14　经典耳钉和常见的耳堵

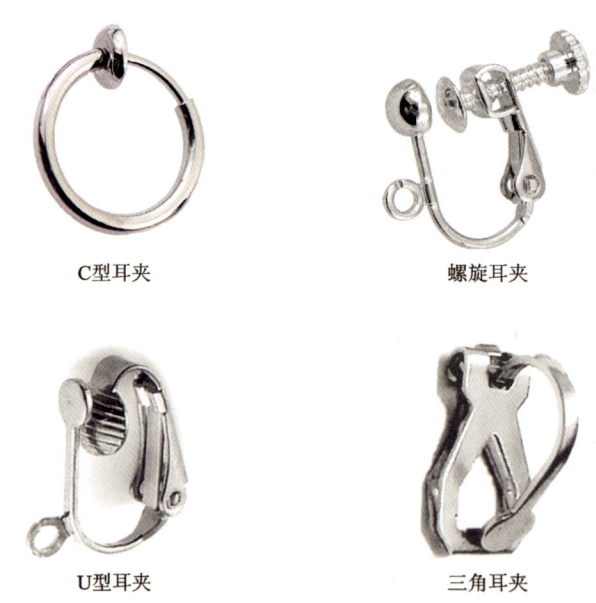

图 5-15　耳夹

二、作品赏析（图 5-16～图 5-19）

图 5-16 《万物》（方龙慧子作品）

图 5-18 《荷花笑了》（金瑛作品）

图 5-17 《如意连连》（金瑛作品）

图 5-19 《轻奢耳饰系列》（金瑛作品）

第四节　胸　饰

　　胸饰主要指胸针。胸针常佩戴在胸前或衣物的细节处，成为整体造型的点睛之笔。于佩戴者而言，它既是气质名片，也是心情风向标。

　　在注重服饰搭配的年代里，胸针总是戴在女性衣服的左襟，那是最靠近心脏的位置。在英国王室，从女王到王妃，都将胸针佩戴于左胸位置。而对于男士，穿着带领子的衣服时将胸针佩戴在左侧，穿不带领子的衣服时则佩戴在右侧；发型偏左时佩戴在右侧，反之则戴在左侧。胸前别一枚精致亮眼的胸针，不但可以吸引目光，同时还具有增强服装和首饰搭配美学效果的作用。

　　胸针的设计元素丰富多样，从海星、瓢虫、蜻蜓、蝴蝶等到艳丽的花卉，每一种设计都蕴含着独特的情感与寓意。这些设计不仅让胸针看起来更加生动有趣，更让佩戴者在不经意间流露出自己的个性与情感。一枚简约的胸针，可以搭配半高领的休闲服，洋溢着一种浪漫青春的气质；一枚蝴蝶形的胸针，则能让穿着短裙的现代浪漫少女显得更加俏皮可爱。胸针像是一种特殊的语言，能够瞬间展现佩戴者的丰富情感与独特个性，让我们的生活更加丰富多彩。

一、胸针的配件

常见的胸针配件有两种。

(1) 一字针配件如图 5-20 所示。

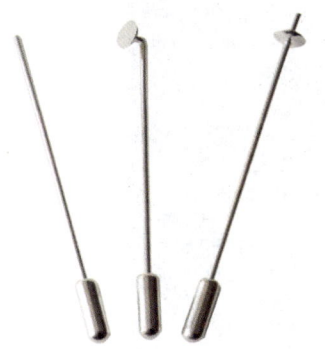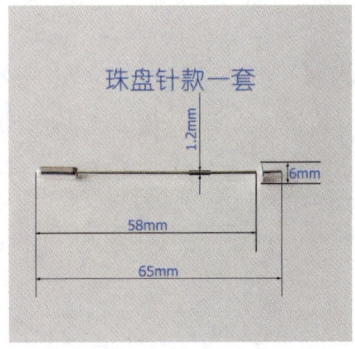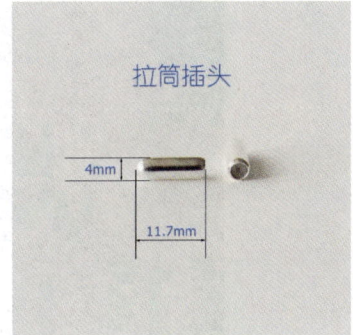

图 5-20　一字针配件

(2) 兔头胸针配件如图 5-21 所示。

图 5-21　兔头胸针配件

二、胸针的主题设计

图 5-22～图 5-24 是以玉石为主体材料设计的系列胸针。在进行胸针主题设计时，要注重造型的层次关系，注重创作和工艺表现的可行性，注重色彩的搭配。同时，系列作品应注意设计元素的统一性。

图 5-22　《清风拂动》（王海涛作品）

图 5-23　《硕果累累》（王海涛作品）

图 5-24 《自由翱翔》（金瑛作品）

三、作品赏析（图 5-25～图 5-28）

图 5-25 《升起》（金瑛作品）

图 5-26　《水滴连连》（王海涛作品）

图 5-27　《玦心》（王海涛作品）

图 5-28　《金牛座》（代波军作品）

第五节 腕 饰

一、腕饰的类型

佩戴在人体腕部的装饰品统称为腕饰，涵盖了手链、手镯、手表、脚链等。广义的腕饰包括手腕、脚腕部位所佩戴的首饰，而狭义的腕饰则专指手腕上的饰品。

手镯是一般由金、银、玉等制成的，套在手腕上的环形装饰品。根据其结构特点，手镯可分为封闭形态的手镯和开口的手镯，根据形态又可以进行细分（图5-29、图5-30）。

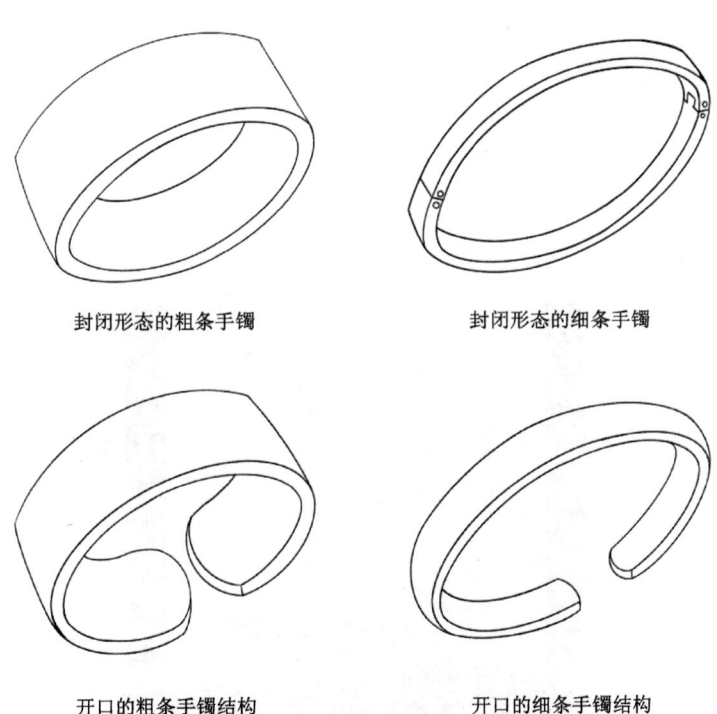

封闭形态的粗条手镯　　封闭形态的细条手镯

开口的粗条手镯结构　　开口的细条手镯结构

图5-29　不同结构的手镯

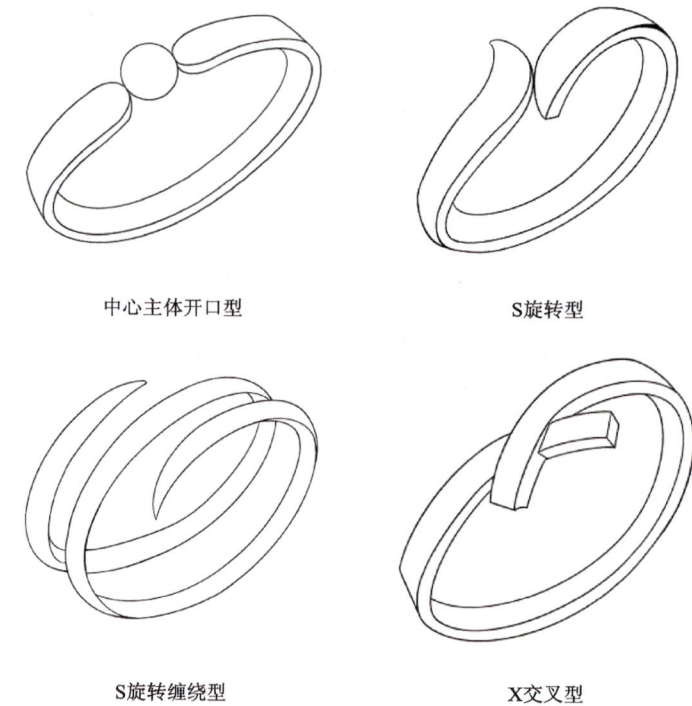

中心主体开口型　　　　S旋转型

S旋转缠绕型　　　　X交叉型

图 5-30　不同形态的开口手镯

二、作品赏析（图 5-31、图 5-32）

图 5-31　《星空》（王海涛作品）

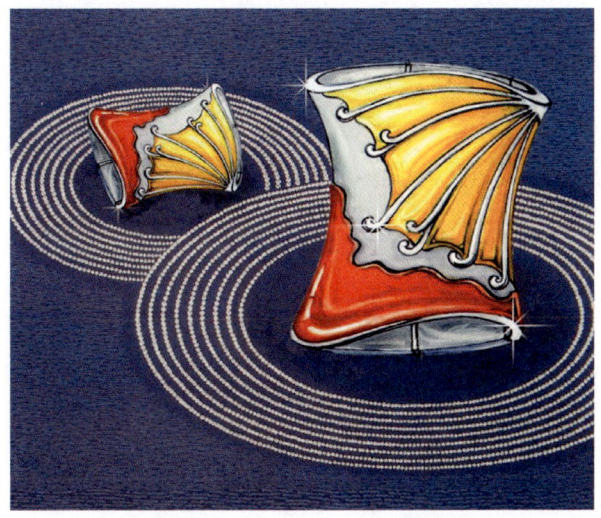

图 5-32 《海韵》(王海涛作品)

第六节 戒 指

据文献记载，戒指的历史可追溯到商周时期。在那个时代，戒指并非纯粹的装饰品，而是具有实用功能的物件。历史上的戒指有两种：一种是作为开弓射箭的辅助工具，随着时间的推移，逐渐演变成为饰物，名为玦、扳指等；而另一种则是从一开始就具有装饰功能，即我们俗称的戒指。如今，将它们统称为戒指。图 5-33 《精美甜品》属于艺术形象款戒指，设计师巧妙地运用立体形态进行设计制作，使得佩戴者在佩戴时能感受到一种独特的空间美感。

图 5-33 《精美甜品》(王海涛作品)

一、常见的戒指类型

市场上常见的戒指有以下几种。

（1）扳指：扳指源自古代游牧民族，是射箭时的实用性辅助工具，常佩戴于拇指上。扳指的正下方常开有一槽，可以防止放箭时弓弦回抽伤到手指。扳指造型简约，多为圆管状，材料则多为玉石和金属。

（2）婚戒：婚戒是夫妻双方共同佩戴的戒指，象征着婚姻关系的确立。人们大多会在婚礼上互换婚戒。按传统习俗，婚前大多将戒指佩于右手的无名指，婚后则移至左手无名指，寓意"左手连心，心心相印"，象征着婚姻幸福美满。在设计婚戒时，首饰设计师会巧妙融入各种符号，如"520"（我爱你）、"1314"（一生一世）、"LOVE"等字符，以及心形、玫瑰花图案等图形符号。此外，人们还喜欢在婚戒上刻字或特殊符号，来纪念特殊的日子，表达爱意。

（3）尾戒：尾戒是佩于小指上的装饰戒指，也是目前比较流行的饰品之一。关于尾戒的寓意，较为主流的说法是象征着单身、独立、孤独以及忘记过去。佩戴尾戒这一习俗最早源于西方，传入中国后，寓意略有变化，一般来说，尾戒象征着自由，意味着佩戴者尚未找到可以依恋的伴侣。

二、戒指的主题设计

为了深度挖掘中国传统文化的精髓，并巧妙地将其融入戒指设计中，我们决定以"国潮"文化为主题，设计一套富有文化内涵和艺术表现力的戒指。设计过程如下（图5-34、图5-35）。

（1）寻找灵感来源图，提取单体元素，总结文化内涵。

（2）对提取的单体元素进行巧妙的重组和搭配，再进行创新设计。

（3）设计戒指草图。

（4）绘制效果图、展示图。

图 5-34 案例一（陈泽苇作品）

图5-35 案例二(卢芮银作品)

三、作品赏析(图 5–36～图 5–39)

图 5–36　《唯美花园》(喻晓菲作品)

图 5–37　《萌动》(陈乐作品)

图 5-38 《红袖》(方龙惠子作品)

图 5-39 《星意》(方龙惠子作品)

课后作业

(1) 临摹首饰：发饰1款、项饰1款、耳饰1款、胸针1款、戒指1款。

(2) 胸针的主题设计。设计要求如下：①体现"国潮"文化主题，绘制一套胸针（3款为一套）；②体现首饰的原创性、时尚性、工艺性与主题性；③造型结构要准确，造型具有创意性，前卫；④透视关系、层次关系要明确；⑤注意材料的应用，色彩的搭配；⑥绘制效果图。

以上设计作品要注重首饰的结构、透视关系及佩戴功能等。首饰结构透视临摹作品占课程作业评分的40%，胸针造型主题设计作品占课程作业评分的60%。作品要求：①结构表现准确；②大小比例适中；③颜色表现合理；④创意设计主题准确。

第六章 首饰创意设计思维训练

知识点

（1）主题设计思维训练：在训练创意思维时，我们要确保首饰造型的艺术美感、工艺可行性、商业策略与市场需求相互协调，并将它们转化为有价值的设计产品。同时应具有全面的处理能力，能够理解首饰设计所涉及的文化背景，洞察市场需求并据此提出切实可行的解决方案，在挖掘主题文化内涵的基础上进行灵感创作。

（2）图形的提取、重组再设计：学会运用形态构成美学，对图形的形态构成进行重新排列。在这个过程中，要特别注意"图必有意，意必吉祥"。

（3）装饰性设计的应用：加强基础造型的设计应用，在基础造型上进行材料、图案、工艺、肌理等方面的装饰应用，提升首饰的艺术美感。

学习重点

（1）主题创作：加强市场调研及竞品分析，训练首饰主题设计中的创意思维。

（2）图形的提取、重组再设计：加强学习和领悟图形的文化寓意，进而学习图形的重组创作技巧，通过图形的变化和创新，传达特定的思维表达和文化寓意。

学习目标

学习主题创作，图形提取、重组再设计和装饰性艺术表现等方面，培养挖掘首饰设计主题文化内涵的能力，最终可以结合现代美学进行艺术创作。强化对 IP 符号的提取和应用能力，运用原创思维，创作出独特的首饰作品。

教学方法

以教学案例为切入点，引导学生对首饰作品进行创作分析；通过市场调研的四维导向学习，加强竞品分析的逻辑性；利用实物展现，帮助学生直观感受不同工艺、比例、材料、肌理和造型等对首饰设计的影响，引导学生综合运用所学知识进行创作。

  在首饰设计中，最重要的环节之一就是创意设计。在设计首饰时，不仅要考虑外观造型的美感，还应注重首饰本身所表达的情感，而且首饰的设计还要遵循人体工程学原理。要通过首饰的造型、颜色、材质、工艺、肌理等因素来感受它的设计内涵。

  在首饰设计领域，创意思维能力是指设计过程中引导性、情感性、创造性地表达思维，搭建首饰创意思维框架，提升设计水平和首饰设计的实际应用能力。运用创意思维体系设计首饰产品，能够赋予首饰作品多元化、灵动性、理念性的特质。因此创意思维在首饰设计过程中极为关键，它贯穿着首饰设计的全过程，包括确定主题、设计理念，收集素材，挖掘文化内涵，提取元素，重组元素，设计首饰造型，搭配色彩，应用首饰属性等。这里的首饰属性主要是指首饰材料、工艺、肌理等。设计者可根据主题和文化内涵的要求设计并向客户展示首饰效果图和佩戴效果图。

第一节　收集素材

1. 提炼与总结文化内涵

  在首饰创意设计中，首先要学会梳理与提炼基本的文化内涵，在确定了主题后，以该主题为设计的指引方向，确定和应用文化内涵，为后续提供一定的设计风格定位。然后要学会收集和提炼 IP 符号。在创意提炼中，首饰 IP 符号的表现形式往往是最不可思议的，因为任何元素都可以成为 IP，并通过信息时代的传播手段迅速被大众所认知。所以，IP 符号的形象也是多变的，在首饰设计中有极大的发展空间。在首饰设计中融入 IP 符号不仅能赋予首饰独特的文化内涵，还能促进首饰文化的传播与商业化首饰的推广。

  针对当下的审美需求和市场需求，设计师要对图样进行文化总结，并编写营销文案。同时，从中华民族传统文化中汲取养分，将民族性、寓意性、符号性的元素与当代美学相结合，进行创意设计，并根据艺术表达、市场需要、情感叙述等方式进行多维度的设计，使图样更为完美。而当传统文化与当代国际化风格冲突时，设计师应先深入了解传统文化的精髓和内涵，溯源解读，而后通过解构和重新组合的方式，将传统文化元素与现代设计理念相融合。最后，合理利用首饰工艺和材料，将作品完美地呈现出来。

2. 收集灵感来源图

在首饰创意设计环节中，我们要学会收集图片并从中获取灵感来源。收集灵感来源图不仅仅是找几个实物或几张照片并保存下来，更重要的是要对这些灵感来源图进行深入的造型训练，提炼与分析图形。我们要学会提取色彩，分析色彩的比例关系，以及色彩搭配的美感。同时，加强结构的分析，内部肌理或形态的分析。在收集和整理这些信息后，进行主题归纳，以保证在提取灵感时有一定的逻辑性和依据。这将帮助我们确定色彩定位及要求，从而合理搭配色彩、宝石，选择合适的制作工艺。

3. 提取单体元素

初学者可强化单体图形元素的提取及演变能力，注重具象与抽象的灵活概括提取。在提取过程中，应注意元素的特征、造型的内涵以及色彩的应用。在选择灵感来源图后，要记住"具象灵感来源动态巧妙，抽象变形思维无限发散"，通过整理单体元素图形，提炼造型特征，并将元素进行变形处理。可以从现实形态中提取感兴趣的部分作为基本创作元素，进一步进行变形，注入想象，采用"无中生有"等创意手法，设计具有时代感的创意草图（图6-1）。在这个过程中，可将一切自然形式赋予生命力，并用充满运动感的线条、图像记录下来。将这种自然、热烈而富有活力的风格体现在首饰设计上，利用蜿蜒流动的线条和优雅恬静的外形来展示后现代首饰的生命力，从而形成简洁、抽象且功能明确的风格。

第二节　市场调研

市场调研在首饰设计过程中扮演着至关重要的角色。它主要帮助我们确定首饰的品牌定位、产品定位、产品品类、首饰材料及客户定位。在激烈的市场竞争中，市场调研是为了确保设计的作品能在目标用户群体中占据精准、清晰且高于期望值的位置。因此，首饰设计师和营销人员要确保他们的产品有别于竞争品牌，从而在目标市场中取得最大的战略优势。

图 6-1　扇子造型单体元素的提取

在设计作品前,我们要进行市场考察并收集网络信息,以明确品牌的方向。通过给用户画像,准确了解用户的购买力、年龄定位和性别等信息,这有利于我们在后期设计中更有针对性地选择材料、工艺、肌理和造型。此外,在市场调研环节,我们还要对首饰流行趋势有一定的了解,并深度了解首饰工艺、首饰材料的价值及使用方法,为后续设计创作梳理出具体的素材。

第三节　首饰造型设计

首饰的形态要素包括点、线、面、体,这些要素的排列组合决定着首饰的形态。这些要素具有具象与抽象、自然与偶然、仿生与创造等特性,它们之间的排列组合其实也是设计—创造—再设计的过程。初学者可以从主题练习入手,因为这样能有一个较为明确的图形作为参照系，从而更容易把握设计的概括、提炼、抽象和变形。

在首饰创意设计过程中，可通过绘制草图来训练自己的思维和想象力。草图是设计师记录和挖掘灵感的得力助手，可以帮助设计师迅速记录灵感。通过大量绘制草图，设计师可以不断修订图纸，完善想法，挑选出符合要求的设计方案，避免制作过程中出现问题。在这一过程中，筛选草图极为重要，它是对创意设计思维的总结与提炼，可以选择图形创意明确、新颖的草图进行思维拓展训练，以一款或几款草图为基点，进行系列图形的联想（图6-2）。创意思考的过程犹如在茫茫大地上寻找水沟，需要明确的方向、地点。而绘制草图则是记录这个方向、地点的有效手段。思维拓展训练阶段则像挖过几铁锹找到湿土，并继续深挖的一个过程。

图6-2 扇形造型图案的设计

优秀的设计师在设计过程中不仅要关注首饰形态美,还要充分考虑佩戴者身份、性格、喜好、场合及人体工学特点,明确市场定位,设计出符合现代设计理念和潮流趋势的产品。同时,还需结合设计语言,不断完善方案,推敲每一个细节。虽然这个过程可能会很痛苦,但最终作品往往会让人眼前一亮,甚至完全超越最初的灵感来源。设计师要勇于创作新作,不受前辈观念束缚,不照抄生活或自然,通过大量绘制草图寻找无拘束的首饰设计之路。

第四节 色彩搭配

色彩搭配(图6-3)在首饰设计中很重要,正确的色彩搭配不仅可以增强首饰美感,还可以传达特定的情感和信息。

图6-3 扇面首饰的色彩搭配

1. 配色原则

（1）类似色原则：使用相邻色相搭配，如橙红、绿蓝等。

（2）三分色原则：选择色相环上相距120°的颜色，如橙绿紫或红黄蓝等。

（3）互补色原则：选择色相环上相距180°的颜色，如红绿、蓝橙等，突出首饰元素。

2. 配色技巧

（1）色彩平衡：注意整体色彩的平衡感，可以通过在不同部位使用相似颜色或调整亮度、饱和度来实现色彩的平衡。

（2）色调过渡：色调过渡可以使首饰看起来更加流畅、自然。

（3）注意材质特点：要根据首饰材质进行配色，如金属部分常用金色、银色、铜色；宝石部分则要考虑宝石的光泽、色彩、透明度。

（4）考虑受众群体：不同年龄、性别的受众群体对首饰的配色有不同的喜好，如女性偏好柔和、温暖的色彩，男性则更喜欢中性、明亮的色彩。此外，受众群体的个人喜好也会影响他们对色彩搭配的偏好，所以设计师还要考虑这一因素。

首饰配色对设计很重要，合理配色可增加首饰的吸引力和美感。掌握配色原则、技巧有助于提升首饰设计的水平。

第五节 首饰材料的应用

在应用首饰材料（图6-4）时，要参考以下几点。

（1）金属与宝石：金属与宝石的搭配是最常见的，金属稳定，宝石添彩。如金属与珍珠：其中金属与珍珠的搭配是经典而优雅的象征，如黄金或玫瑰金配白珍珠，白金配黑珍珠。

（2）金属与皮革：金属与皮革的搭配可以展现出时尚的感觉，如不锈钢或银配黑色或棕色的皮革。

（3）宝石与各种其他材质的珠子：宝石与其他材质的珠子搭配，能体现自然和民族风格，如宝石项链配木质手链，原始又独特。

（4）不同金属的搭配：如黄金与银或玫瑰金混搭，增加层次感。

现代首饰设计师肩负着发掘创新、探索未知领域的使命。创新是艺术的灵魂，也是推动社会文明进步的动力。若作品缺乏创新意识，其生命力与存在价值将大打折扣。在学习创意首饰设计的过程中，我们要学会观察世界，以敬畏之心聆听世间

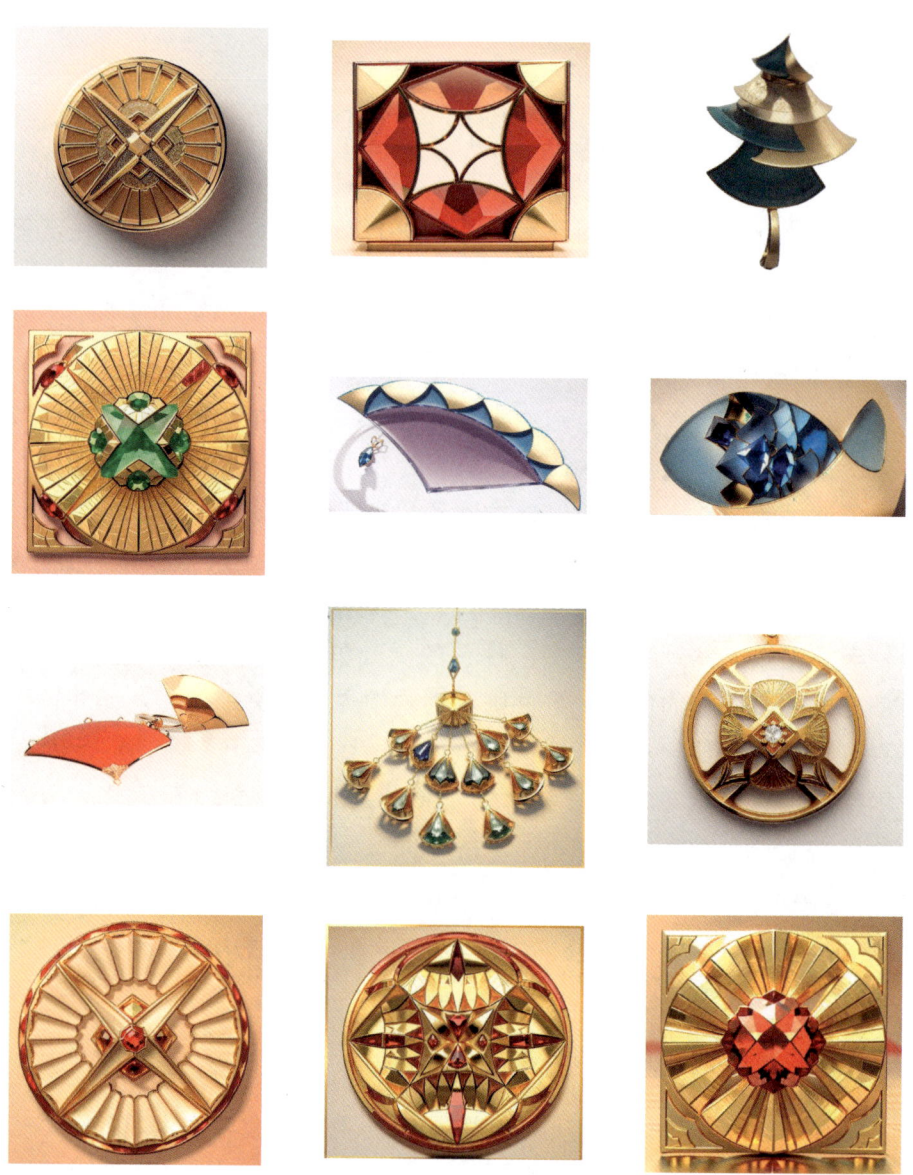

图6-4　AI渲染扇面首饰的材料

美好,并将其融入设计之中。同时,我们也要保持民族特色,将传统与创新相结合,形成独特的风格。现代首饰设计的创新并非空中楼阁,而是源于自然、生活、经典及传统。我们需要从自然中汲取灵感,从生活中发现美,从经典的作品中学习创新方法,从传统中借鉴精髓。将这些元素融入时代元素中,形成全新的整体,才能创造出具有生命力的首饰作品。在学习首饰设计的过程中,我们应始终坚持以传统为根基、创新为灵魂的原则。传统是我们的根基和源泉,而创新则是我们前进的动力和灵魂,只有将传统与创新相结合,才能创造出既有文化底蕴又具时代特色的首饰作品。

第六节 首饰创意设计案例

一、主题设计

主题设计有助于我们整合知识，并在学习过程中培养自己设计思维能力与创新能力。主题并非限制，而是激发他们创造力的起点。在深入研究主题的过程中，我们能够发掘出独特的视角，珍视并巩固个人观点。

主题设计的基本过程如下。①主题引导：如以婚庆主题元素作为灵感源泉（图6-5），广泛收集素材，挖掘文化内涵，建立客观且富有现代艺术气息的"婚庆观"。②市场调研：确定品牌定位、产品定位及用户定位，同学之间相互交流各自的"婚庆观"和灵感来源元素的运用，从而确定设计方向，选择自己的切入点和表现元素。再根据各自表达的意向进行单体元素提取、重组设计和调整变化，力求找到最符合主题的艺术表达形式。③造型设计：选用合适的设计方法，运用点、线、面、体的造型手法进行造型设计。在这个过程中要注意造型的透视关系和表现的层次关系。④色彩搭配：根据主题表达和艺术表达的需要，进行色彩定位。调整和完善色彩设计方案，确保色彩三要素和色彩搭配法则在首饰设计中得到恰当应用。⑤首饰属性的应用：首饰属性主要为首饰材料、工艺、肌理等因素。在设计中要注重首饰的视觉表达和佩戴效果，还要确定设计出的首饰制作成成品的可行性。⑥设计评价：作品拍照，设计佩戴效果图，撰写设计说明，并汇报创意设计成果。婚庆主题的首饰设计作品见图6-6、图6-7。

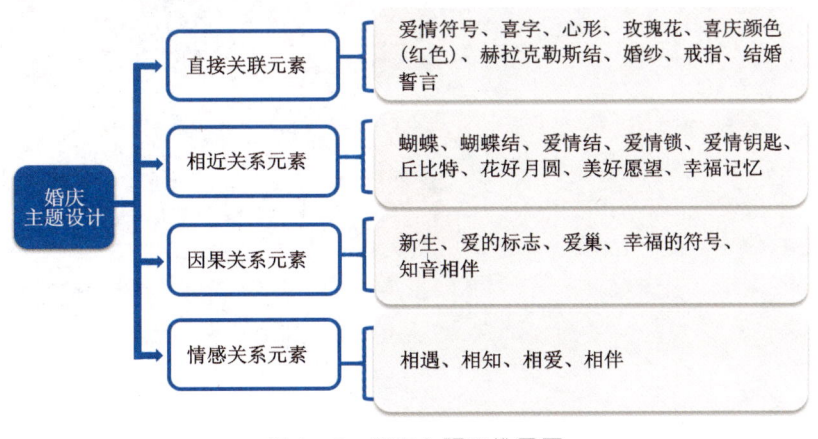

图6-5 婚庆主题思维导图

图 6-6 《黑白绝色》（颜笑尉作品）

图 6-7 《花开富贵》（周丹作品）

二、造型创意设计

1. 案例一:祥云首饰设计

(1) 寻找灵感来源图:寻找图案灵感元素,对造型的点、线、面、体的形态进行造型梳理,并理解祥云的寓意(图6-8)。

图6-8 祥云纹

(2) 提取云图案的单体元素(图6-9)。

图6-9 提取单体元素

(3) 重组设计元素（图6-10）。

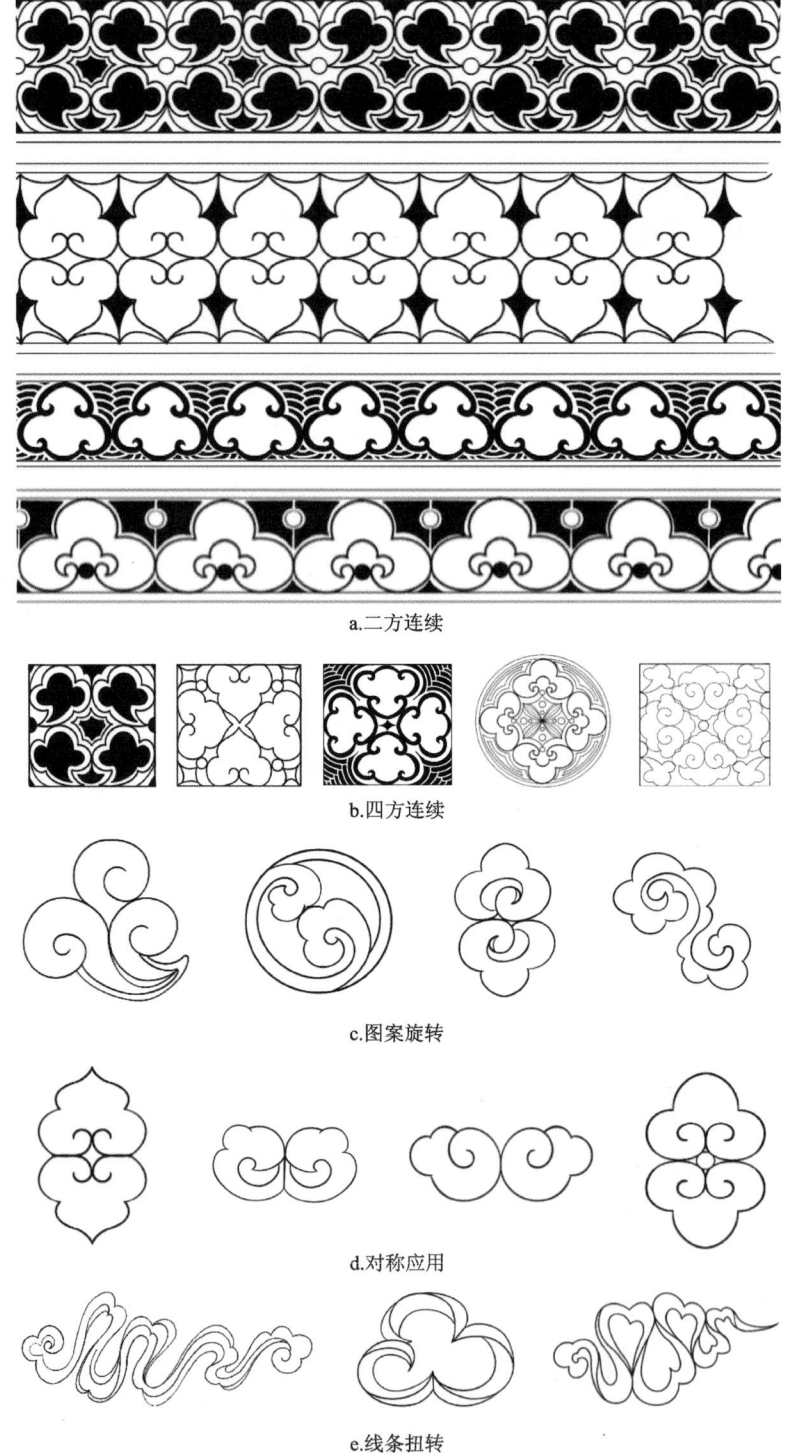

a.二方连续

b.四方连续

c.图案旋转

d.对称应用

e.线条扭转

图6-10 重组设计元素

(4) 设计出的草图见图 6-11。

图 6-11　设计草图

(5) AI 渲染效果图见图 6-12。

图 6-12 AI 渲染效果图

（6）应用首饰材料后，效果图见图6-13。

图6-13 应用首饰材料的效果图

（7）首饰设计效果图见图6-14。

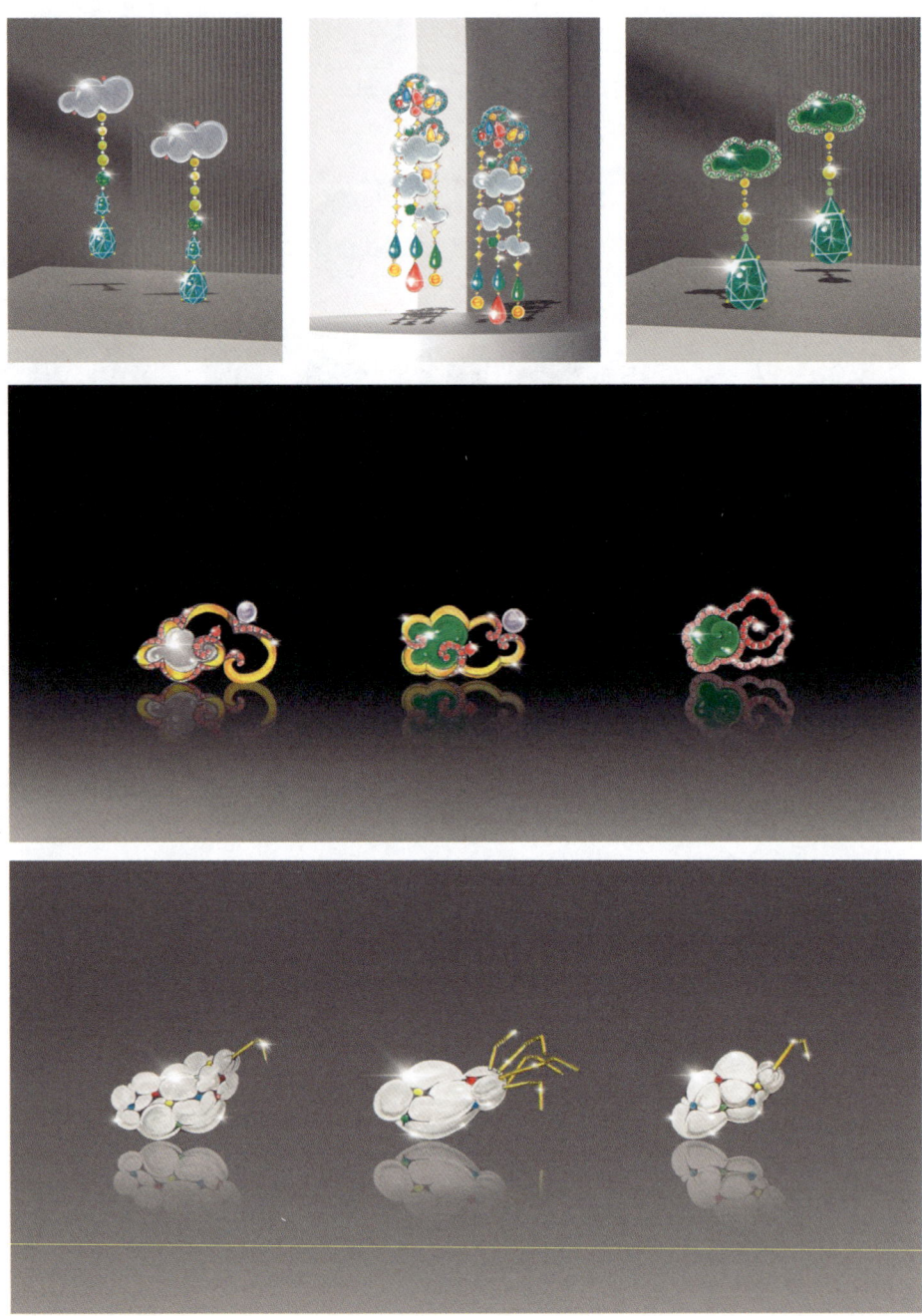

图6-14　首饰设计效果图

(8) 佩戴效果图见图 6-15。

图 6-15 佩戴效果图

2. 案例二：蛇造型首饰设计

(1) 在寻找灵感来源图，并提取单体元素后，进行重组设计（图6-16）。

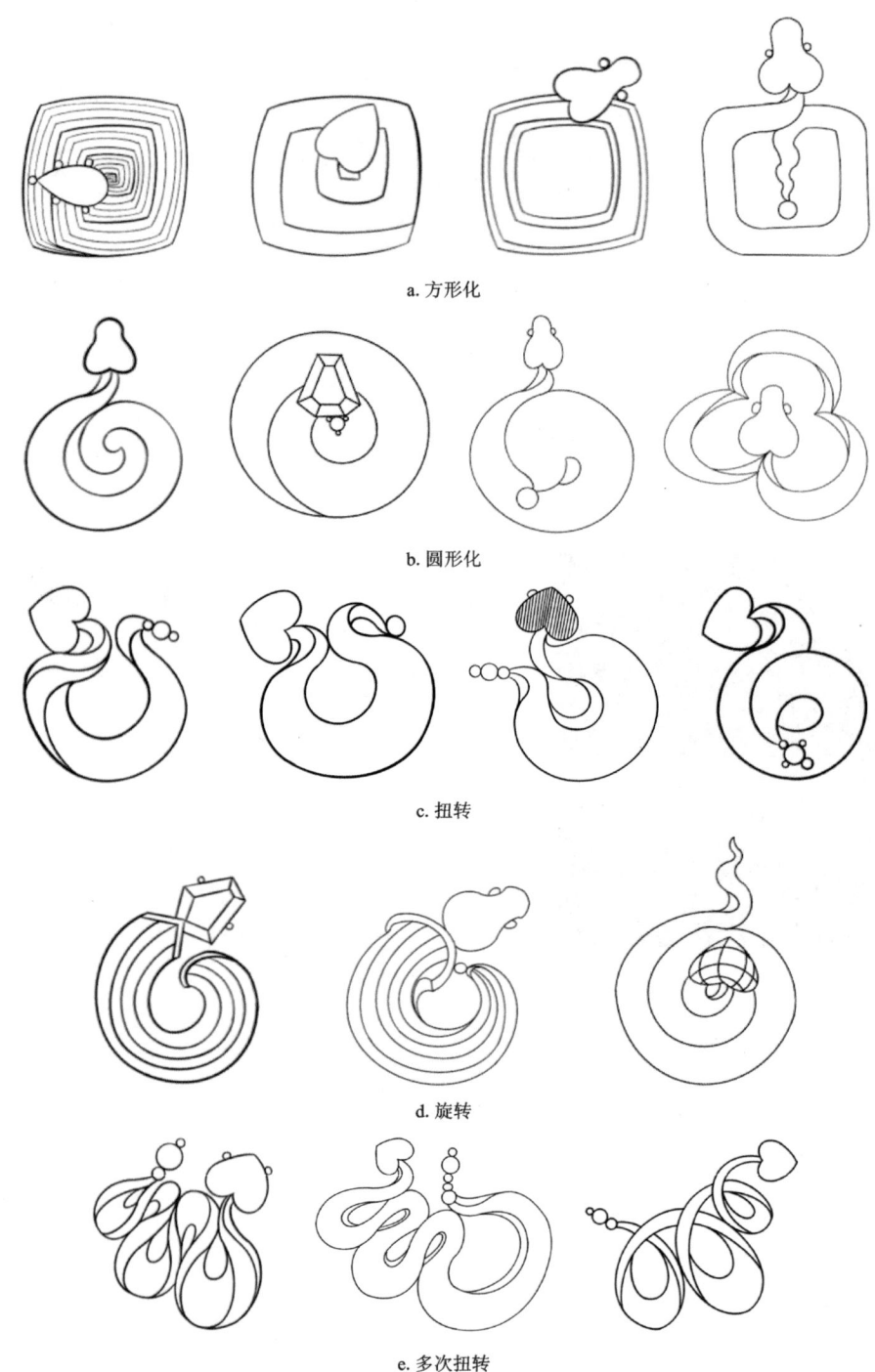

a. 方形化

b. 圆形化

c. 扭转

d. 旋转

e. 多次扭转

图6-16 重组设计元素

(2) 首饰设计草图见图 6-17。

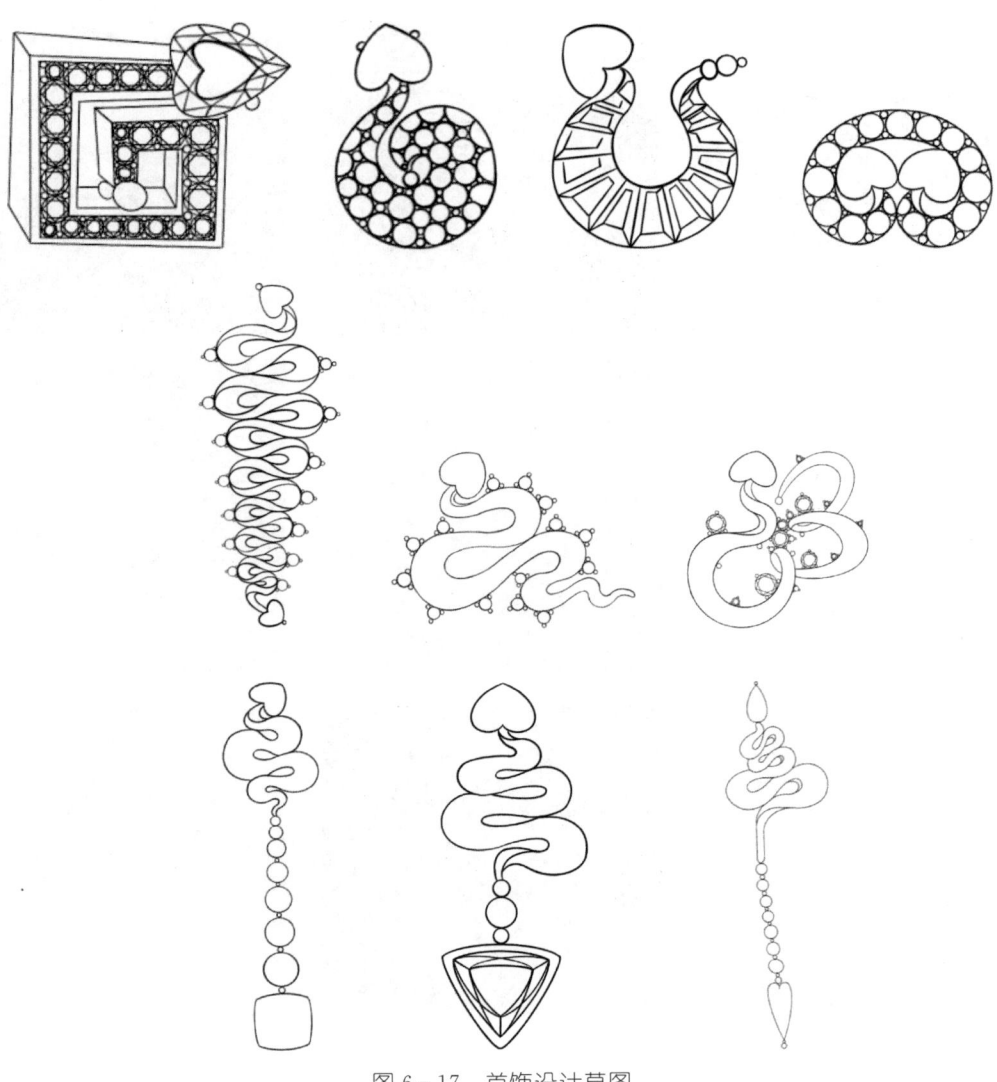

图 6-17 首饰设计草图

(3) AI 渲染效果图见图 6-18。

图 6-18　AI 渲染效果图

（4）首饰设计效果图见图 6-19。

图 6-19　首饰设计效果图

(5) 佩戴效果见图 6-20。

图 6-20　佩戴效果图

3. 案例三：辣椒造型首饰设计（蒋喆作品）

（1）辣椒主题定位及实物选取：表达火热爱意，释放激情自我。

（2）利用实物辣椒的不同切割方式，提取不同造型进行设计、应用（图6-21）。

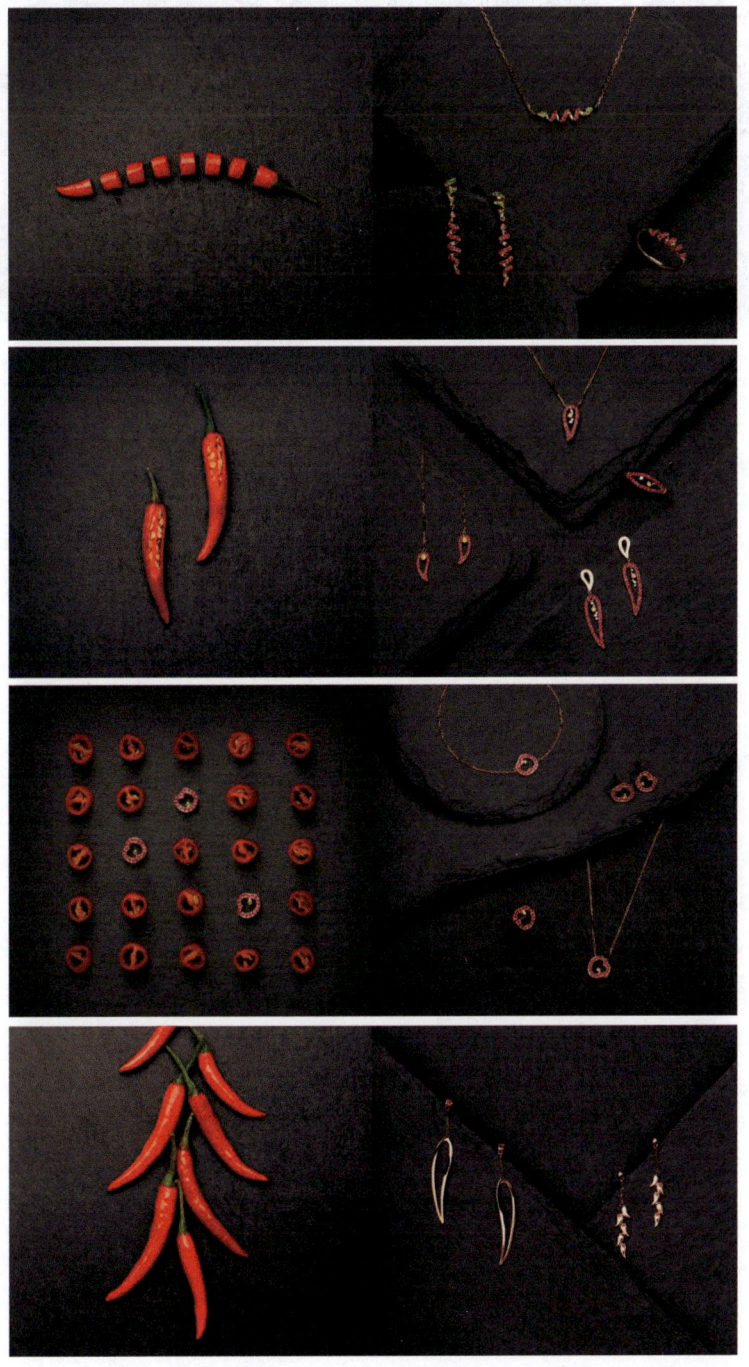

图6-21 提取不同造型

(3) 辣椒设计创作及组合见图 6-22。

图 6-22　首饰设计图

 课后作业

传统韵味融合现代时尚的玉石套件主题创作。创作要求：①以玉石为主体进行套件设计；②挖掘传统文化底蕴的内涵，并结合现代时尚的美学元素；③注重造型的层次关系；④注重首饰制作的可行性和工艺表现；⑤在色彩搭配上，注重金玉结合的色彩搭配原则；⑥系列作品应注意设计元素的统一性。

评分标准：以文化内涵为基础，以设计方法为导向，根据市场调研，进行竞品分析（占课程作业评分的 20%）；主题溯源，文化挖掘（占课程作业评分的 20%）；图形重组再设计，加强图形的造型美感，寓意应用（占课程作业评分的 20%）；结合工艺、材料、肌理、颜色、佩戴效果展示等方面进行艺术创作（占课程作业评分的 40%）。